全国计算机技术与软件专业技术资格(水平)考试指定用书

网络规划设计师

2017至2021年试题分析与解答

计算机技术与软件专业技术资格考试研究部 主编

清華大学出版社
北京

内 容 简 介

网络规划设计师考试是全国计算机技术与软件专业技术资格（水平）考试的高级职称考试，是历年各级考试报名的热点之一。本书汇集了从2017年至2021年的所有试题和专家解析，欲参加考试的考生读懂本书的内容后，将会更加深入地理解考试的出题思路，发现自己的知识薄弱点，使学习更加有的放矢，对提升通过考试的信心会有极大的帮助。

本书适合参加网络规划设计师考试的考生备考使用。

图书在版编目（CIP）数据

网络规划设计师 2017 至 2021 年试题分析与解答 / 计算机技术与软件专业技术资格考试研究部主编. —北京：清华大学出版社，2023.3（2024.9 重印）
全国计算机技术与软件专业技术资格（水平）考试指定用书
ISBN 978-7-302-62872-9

Ⅰ. ①网… Ⅱ. ①计… Ⅲ. ①计算机网络－资格考试－题解 Ⅳ. ①TP393-44

中国国家版本馆 CIP 数据核字(2023)第 037761 号

责任编辑： 杨如林
封面设计： 杨玉兰
责任校对： 胡伟民
责任印制： 刘 菲

出版发行： 清华大学出版社
网 址：https://www.tup.com.cn，https://www.wqxuetang.com
地 址：北京清华大学学研大厦 A 座 邮 编：100084
社 总 机：010-83470000 邮 购：010-62786544
投稿与读者服务：010-62776969，c-service@tup.tsinghua.edu.cn
质量反馈：010-62772015，zhiliang@tup.tsinghua.edu.cn
印 装 者： 三河市人民印务有限公司
经 销： 全国新华书店
开 本： 185mm×230mm 印 张：12.5 防伪页：1 字 数：315 千字
版 次： 2023 年 3 月第 1 版 印 次：2024 年 9 月第 2 次印刷
定 价： 49.00 元

产品编号：098386-01

前　言

根据国家有关的政策性文件，全国计算机技术与软件专业技术资格（水平）考试（以下简称“计算机软件考试”）已经成为计算机软件、计算机网络、计算机应用、信息系统、信息服务领域高级工程师、工程师、助理工程师、技术员的国家职称资格考试。而且，根据信息技术人才年轻化的特点和要求，报考此类资格考试不限学历与资历条件，以不拘一格选拔人才。目前，软件设计师、程序员、网络工程师、数据库系统工程师、系统分析师、系统架构设计师和信息系统项目管理师等资格的考试标准已经实现了中国与日本互认，程序员和软件设计师等资格的考试标准已经实现了中国和韩国互认。

计算机软件考试规模发展迅速，年报考规模已超过 100 万人，三十多年来，累计报考人数 700 多万。

计算机软件考试已经成为我国著名的 IT 考试品牌，其证书的含金量之高已得到社会的公认。计算机软件考试的有关信息可参见网站www.ruankao.org.cn中的资格考试栏目。

对考生来说，学习历年试题分析与解答是理解考试大纲的最有效、最具体的途径之一。

为帮助考生复习备考，计算机技术与软件专业技术资格考试研究部汇集了网络规划设计师 2017 年至 2021 年的试题分析与解答印刷出版，以便于考生测试自己的水平，发现知识薄弱点，更有针对性、更系统地学习。

计算机软件考试的试题质量高，涵盖了职业岗位所需的各方面知识和技术，不但包括技术知识，还包括法律法规、标准、专业英语、管理等方面的知识；不但注重广度，而且还有一定的深度；不但要求考生具有扎实的基础知识，还要具有丰富的实践经验。

这些试题中，含有一些富有创意的试题，一些与实践结合得很好的佳题，一些富有启发性的试题，具有较高的社会引用率，对学校教师、培训指导者、研究工作者都是很有帮助的。

由于作者水平有限，时间仓促，书中难免有错误和疏漏之处，诚恳地期望各位专家和读者批评指正，对此，我们将深表感激。

编　者

目　录

第 1 章　2017 下半年网络规划设计师上午试题分析与解答

试题（1）、（2）

某计算机系统采用 5 级流水线结构执行指令，设每条指令的执行由取指令（$2\Delta t$）、分析指令（$1\Delta t$）、取操作数（$3\Delta t$）、运算（$1\Delta t$）、写回结果（$2\Delta t$）组成，并分别用 5 个子部件完成，该流水线的最大吞吐率为__（1）__；若连续向流水线输入 10 条指令，则该流水线的加速比为__（2）__。

（1）A. $\frac{1}{9\Delta t}$　　B. $\frac{1}{3\Delta t}$　　C. $\frac{1}{2\Delta t}$　　D. $\frac{1}{1\Delta t}$

（2）A. 1∶10　　B. 2∶1　　C. 5∶2　　D. 3∶1

试题（1）、（2）分析

本题考查计算机体系结构知识。

流水线的吞吐率是指单位时间内流水线完成的任务数或输出的结果数量，其最大吞吐率为“瓶颈”段所需时间的倒数。题中所示流水线的“瓶颈”为取操作数段。

流水线的加速比是指完成同样一批任务，不使用流水线（即顺序执行所有指令）所需时间与使用流水线（指令的子任务并行处理）所需时间之比。

题目中执行 1 条指令的时间为 $2\Delta t+1\Delta t+3\Delta t+1\Delta t+2\Delta t=9\Delta t$，因此顺序执行 10 条指令所需时间为 $90\Delta t$。若采用流水线，则所需时间为 $9\Delta t+(10-1)\times 3\Delta t=36\Delta t$，因此加速比为 90∶36，即 5∶2。

参考答案

（1）B　（2）C

试题（3）

RISC（精简指令系统计算机）是计算机系统的基础技术之一，其特点不包括__（3）__。

（3）A．指令长度固定，指令种类尽量少

B．寻址方式尽量丰富，指令功能尽可能强

C．增加寄存器数目，以减少访存次数

D．用硬布线电路实现指令解码，以尽快完成指令译码

试题（3）分析

本题考查计算机系统基础知识。

RISC 的特点是指令格式少，寻址方式少且简单。

参考答案

（3）B

试题（4）、（5）

在磁盘上存储数据的排列方式会影响 I/O 服务的总时间。假设每磁道划分成 10 个物理

块，每块存放1个逻辑记录。逻辑记录R1，R2，…，R10存放在同一个磁道上，记录的安排顺序如下表所示：

物理块	1	2	3	4	5	6	7	8	9	10
逻辑记录	R1	R2	R3	R4	R5	R6	R7	R8	R9	R10

假定磁盘的旋转速度为30ms/周，磁头当前处在R1的开始处。若系统顺序处理这些记录，使用单缓冲区，每个记录处理时间为6ms，则处理这10个记录的最长时间为__(4)__；若对信息存储进行优化分布后，处理10个记录的最少时间为__(5)__。

（4）A．189ms　B．208ms　C．289ms　D．306ms

（5）A．60ms　B．90ms　C．109ms　D．180ms

试题（4）、（5）分析

系统读记录的时间为30ms/10=3ms，对第一种情况，系统读出并处理记录R1之后，将转到记录R4的开始处，所以为了读出记录R2，磁盘必须再转一圈，需要3ms（读记录）加30ms（转一圈）的时间。这样，处理10个记录的总时间应为，处理前9个记录（即R1，R2，…，R9）的总时间再加上读R10和处理时间：9×33ms+ 9ms=306ms。

物理块	1	2	3	4	5	6	7	8	9	10
逻辑记录	R1	R8	R5	R2	R9	R6	R3	R10	R7	R4

对于第二种情况，若对信息进行优化分布，当读出记录R1并处理结束后，磁头刚好转至R2记录的开始处，立即就可以读出并处理，因此处理10个记录的总时间为：

10×（3ms（读记录）+6ms（处理记录））=10×9ms=90ms

参考答案

（4）D　（5）B

试题（6）、（7）

对计算机评价的主要性能指标有时钟频率、__(6)__、运算精度、内存容量等。对数据库管理系统评价的主要性能指标有__(7)__、数据库所允许的索引数量、最大并发事务处理能力等。

（6）A．丢包率　B．端口吞吐量
　　C．可移植性　D．数据处理速率

（7）A．MIPS　B．支持协议和标准
　　C．最大连接数　D．时延抖动

试题（6）、（7）分析

本题考查计算机评价方面的基本概念。

对计算机评价的主要性能指标有时钟频率、数据处理速率、运算精度和内存容量等。其中，时钟频率是指计算机CPU在单位时间内输出的脉冲数，它在很大程度上决定了计算机的运行速度，单位为MHz（或GHz）。数据处理速率是个综合性的指标，单位为MIPS（百万条指令/秒）。影响运算速度的因素主要是时钟频率和存取周期，字长和存储容量也有影响。内存容量是指内存储器中能存储的信息总字节数。常以8个二进制位（bit）作为1字节（Byte）。对数据库管理系统评价的主要性能指标有最大连接数、数据库所允许的索引数量和最大并发事务处理能力等。

参考答案

（6）D　（7）C

试题（8）

一个好的变更控制过程，给项目风险承担者提供了正式的建议变更机制。如下图所示的需求变更管理过程中，①②③处对应的内容应分别是__（8）__。

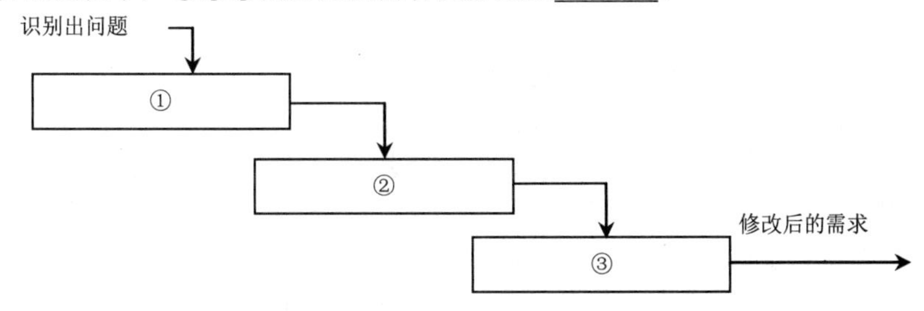

（8）A．问题分析与变更描述、变更分析与成本计算、变更实现
　　B．变更描述与成本计算、变更分析、变更实现
　　C．问题分析与变更分析、成本计算、变更实现
　　D．变更描述、变更分析与变更实现、成本计算

试题（8）分析

本题考查变更控制的基础知识。

一个大型软件系统的需求总是有变化的。对许多项目来说，系统软件总需要不断完善，一些需求的改进是合理的而且不可避免，毫无控制的变更使项目陷入混乱且不能按进度完成，或者软件质量无法保证的主要原因之一。一个好的变更控制过程，给项目风险承担者提供了正式的建议需求变更机制，可以通过变更控制过程来跟踪已建议变更的状态，使已建议的变更确保不会丢失或疏忽。需求变更管理过程如下图所示：

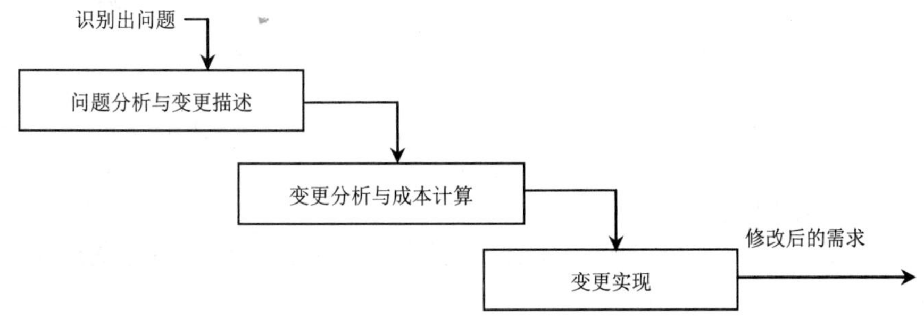

①问题分析与变更描述。这是识别和分析需求问题或者一份明确的变更提议，以检查它的有效性，从而产生一个更明确的需求变更提议。

②变更分析和成本计算。使用可追溯性信息和系统需求的一般知识，对需求变更提议进行影响分析和评估。变更成本计算应该包括对需求文档的修改、系统修改的设计和实现的成本。一旦分析完成并且确认，应该进行是否执行这一变更的决策。

③变更实现。这要求需求文档和系统设计以及实现都要同时修改。如果先对系统的程序做变更，然后再修改需求文档，这几乎不可避免地会出现需求文档和程序的不一致。

参考答案

（8）A

试题（9）

以下关于敏捷方法的叙述中，错误的是__（9）__。

（9）A．敏捷型方法的思考角度是“面向开发过程”的

B．极限编程是著名的敏捷开发方法

C．敏捷型方法是“适应性”而非“预设性”

D．敏捷开发方法是迭代增量式的开发方法

试题（9）分析

本题考查敏捷方法的相关概念。

敏捷方法是从 20 世纪 90 年代开始逐渐引起广泛关注的一些新型软件开发方法，以应对快速变化的需求。敏捷方法的核心思想主要有以下三点。

①敏捷方法是“适应性”而非“预设性”的。传统方法试图对一个软件开发项目在很长的时间跨度内做出详细计划，然后依计划进行开发。这类方法在计划制订完成后拒绝变化。而敏捷方法则欢迎变化，其实它的目的就是成为适应变化的过程，甚至能允许改变自身来适应变化。

②敏捷方法是以人为本，而不是以过程为本。传统方法以过程为本，强调充分发挥人的特性，不去限制它，并且软件开发在无过程控制和过于严格烦琐的过程控制中取得一种平衡，以保证软件的质量。

③迭代增量式的开发过程。敏捷方法以原型开发思想为基础，采用迭代增量式开发，发行版本小型化。

与 RUP 相比，敏捷方法的周期可能更短。敏捷方法在几周或者几个月的时间内完成相对较小的功能，强调的是能尽早将尽量小的可用的功能交付使用，并在整个项目周期中持续改善和增强，并且更加强调团队中的高度协作。相对而言，敏捷方法主要适合于以下场合：

①项目团队的人数不能太多，适合于规模较小的项目。

②项目经常发生变更。敏捷方法适用于需求萌动并且快速改变的情况，如果系统有比较高的关键性、可靠性、安全性方面的要求，则可能不完全适合。

③高风险项目的实施。

④从组织结构的角度看，组织结构的文化、人员、沟通性决定了敏捷方法是否使用。

参考答案

（9）A

试题（10）

某人持有盗版软件，但不知道该软件是盗版的，该软件的提供者不能证明其提供的复制品有合法来源。此情况下，则该软件的__（10）__应承担法律责任。

（10）A．持有者　　B．持有者和提供者均

C．提供者　　D．提供者和持有者均不

试题（10）分析

本题考查知识产权知识。

盗版软件持有人和提供者都应承担法律责任。

参考答案

（10）B

试题（11）

以下关于 ADSL 的叙述中，错误的是__（11）__。

（11）A．采用 DMT 技术依据不同的信噪比为子信道分配不同的数据速率

B．采用回声抵消技术允许上下行信道同时双向传输

C．通过授权时隙获取信道的使用

D．通过不同带宽提供上下行不对称的数据速率

试题（11）分析

本试题考查 ADSL 相关技术。

ADSL 是非对称数字用户线，采用频分多路复用技术分别为上下行信道分配不同带宽，从而获取上下行不对称的数据速率。ADSL 还可以采用回声抵消技术允许上下行信道同时双向传输。此外，有些 ADSL 系统中还采用 DMT 技术依据子信道不同质量分配不同的数据速率。

参考答案

（11）C

试题（12）、（13）

100BASE-TX 采用的编码技术为__（12）__，采用__（13）__个电平来表示二进制 0 和 1。

（12）A．4B5B　　B．8B6T　　C．8B10B　　D．MLT-3

（13）A．2　　B．3　　C．4　　D．5

试题（12）、（13）分析

本试题考查快速以太网 100BASE-TX 采用的编码技术。

100BASE-TX 采用 MLT-3 编码技术，3 级电平用来表示二进制 0 和 1。

参考答案

（12）D　（13）B

试题（14）、（15）

局域网上相距 2km 的两个站点，采用同步传输方式以 10Mb/s 的速率发送 150000 字节大小的 IP 报文。假定数据帧长为 1518 字节，其中首部为 18 字节；应答帧为 64 字节。若在收到对方的应答帧后立即发送下一帧，则传送该文件花费的总时间为__（14）__ms（传播速率为 200 m/μs），线路有效速率为__（15）__Mb/s。

（14）A．1.78　　B．12.86　　C．17.8　　D．128.6

（15）A．6.78　　B．7.86　　C．8.9　　D．9.33

试题（14）、（15）分析

本试题考查局域网中的传输时间的计算。

传送该文件总花费时间计算如下：

传送帧数：150000/1500=100

每帧传输时间：（1518+64）×8/（10×10^6）=1265.6μs

每帧传播时间：2000/200=10μs

总传送时间：100×（1265.6+20）=128560μs=128.6ms

线路有效速率计算如下：（1500×8）/（1285.6×10^{-6}）=9.33Mb/s

参考答案

（14）D　（15）D

试题（16）、（17）

站点 A 与站点 B 采用 HDLC 进行通信，数据传输过程如下图所示。建立连接的 SABME 帧是__（16）__。在接收到站点 B 发来的“REJ，1”帧后，站点 A 后续应发送的 3 帧是__（17）__帧。

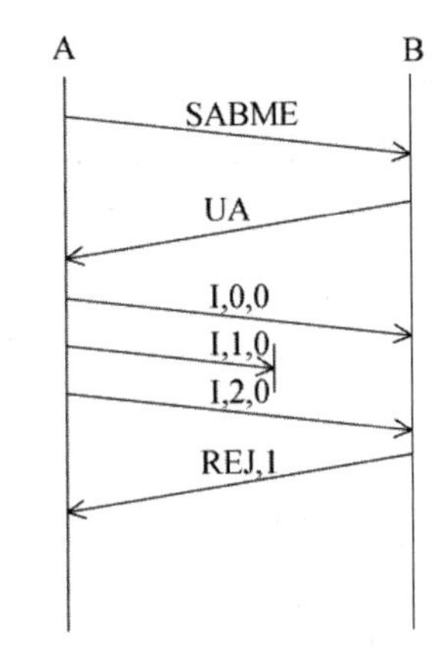

（16）A．数据帧　　B．监控帧　　C．无编号帧　　D．混合帧

（17）A．1，3，4　　B．3，4，5

　　C．2，3，4　　D．1，2，3

试题（16）、（17）分析

本试题考查 HDLC 协议原理。

HDLC 协议中，连接管理等都是 U 帧，所以 SABME 是 U 帧。当采用 REJ 进行否定应答时采用的原理是后退 N 帧，故在接收到站点 B 发来的“REJ，1”帧后，站点 A 后续应发送的 3 帧是 1,2,3 帧。

参考答案

（16）C　（17）D

试题（18）

在域名服务器的配置过程中，通常__（18）__。

（18）A．根域名服务器和域内主域名服务器均采用迭代算法

B. 根域名服务器和域内主域名服务器均采用递归算法

C. 根域名服务器采用迭代算法，域内主域名服务器采用递归算法

D. 根域名服务器采用递归算法，域内主域名服务器采用迭代算法

试题（18）分析

本试题考查域名服务器基本知识。

迭代算法和递归算法是域名服务器中采用的两种算法。迭代算法是指当被请求的域名服务器查找不到域名记录时，返回可能查得到域名记录的服务器地址，由请求者向该服务器发请求；递归算法是指当被请求的域名服务器查找不到域名记录时，去请求可能查得到域名记录的服务器，直至查到结果并返回给请求者。

根域名服务器通常采用迭代算法以减轻查询负担；域内主域名服务器通常采用递归算法。

参考答案

（18）C

试题（19）、（20）

在 Windows 操作系统中，启动 DNS 缓存的服务是__（19）__；采用命令__（20）__可以清除本地缓存中的 DNS 记录。

（19）A. DNS Cache　　B. DNS Client
　　　C. DNS Flush　　D. DNS Start

（20）A. ipconfig/flushdns　　B. ipconfig/cleardns
　　　C. ipconfig/renew　　D. ipconfig/release

试题（19）（20）分析

本试题考 DNS 服务基本知识。

在 Windows 操作系统中，服务 DNS Client 的作用是启动 DNS 缓存；采用命令 ipconfig/flushdns 可以清除本地缓存中的 DNS 记录。

参考答案

（19）B　（20）A

试题（21）

IP 数据报的首部有填充字段，原因是__（21）__。

（21）A. IHL 的计数单位是 4 字节　　B. IP 是面向字节计数的网络层协议
　　　C. 受 MTU 大小的限制　　D. 为首部扩展留余地

试题（21）分析

本试题考查 IP 协议基本知识。

IP 协议的首部中有 IHL 字段，单位是 4 字节，即首部长度必须为 4 字节的整数倍，当首部中可选字段不足时，需加以填充。

参考答案

（21）A

试题（22）、（23）

IP 数据报经过 MTU 较小的网络时需要分片。假设一个大小为 3000 的报文经过 MTU 为

1500 的网络，需要分片为__(22)__个较小报文，最后一个报文的大小至少为__(23)__字节。

(22) A. 2　　B. 3　　C. 4　　D. 5

(23) A. 20　　B. 40　　C. 100　　D. 1500

试题（22）、（23）分析

本试题考查 IP 协议基本知识。

假设一个大小为 3000 的报文经过 MTU 为 1500 的网络，每个分组需要加上 20 字节的首部，所以需要分片为 3 个较小报文，最后一个报文的大小至少为 40 字节。

参考答案

(22) B　(23) B

试题（24）

RSVP 协议通过__(24)__来预留资源。

(24) A. 发送方请求路由器　　B. 接收方请求路由器

C. 发送方请求接收方　　D. 接收方请求发送方

试题（24）分析

本试题考查 RSVP 协议基本知识。

RSVP 即资源预留协议，通过接收方请求路由器来预留资源。

参考答案

(24) B

试题（25）、（26）

TCP 协议在建立连接的过程中会处于不同的状态，采用__(25)__命令显示出 TCP 连接的状态。下图所示的结果中显示的状态是__(26)__。

```
C:\Users \ThinkPad  >

活动连接

 协议      本地地址                  外部地址               状态
  TCP  10.170.42.75:63568     183.131.12.179:http    CLOSE_WAIT
```

(25) A. netstat　　B. ipconfig

C. tracert　　D. show state

(26) A. 已主动发出连接建立请求　　B. 接收到对方关闭连接请求

C. 等待对方的连接建立请求　　D. 收到对方的连接建立请求

试题（25）、（26）分析

本试题考查网络命令的使用以及 TCP 的连接状态。

本题中显示的是本地网络活动的状态，因此采用 netstat 命令。

图中显示的是 TCP 连接中 CLOSE_WAIT 状态，即接收到对方关闭连接请求状态。

参考答案

(25) A　(26) B

试题（27）、（28）

自动专用 IP 地址（Automatic Private IP Address，APIPA）的范围是＿（27）＿，当＿（28）＿时本地主机使用该地址。

（27）A．A 类地址块 127.0.0.0～127.255.255.255
B．B 类地址块 169.254.0.0～169.254.255.255
C．C 类地址块 192.168.0.0～192.168.255.255
D．D 类地址块 224.0.0.0～224.0.255.255

（28）A．在本机上测试网络程序
B．接收不到 DHCP 服务器分配的 IP 地址
C．公网 IP 不够
D．自建视频点播服务器

试题（27）、（28）分析

本题考查自动专用 IP 地址。

自动专用 IP 地址的范围是 B 类地址块 169.254.0.0～169.254.255.255，当客户机接收不到 DHCP 服务器分配的 IP 地址时，操作系统在该地址块中选择一个地址，主机仍然不能接入 Internet。

参考答案

（27）B　（28）B

试题（29）

假设用户 X1 有 4000 台主机，分配给他的超网号为 202.112.64.0，则给 X1 指定合理的地址掩码是＿（29）＿。

（29）A．255.255.255.0　　B．255.255.224.0
C．255.255.248.0　　D．255.255.240.0

试题（29）分析

本题考查 IP 地址规划与分配。

由于 X1 有 4000 台主机，即其需用 12 位作为主机位，故地址掩码为 255.255.240.0。

参考答案

（29）D

试题（30）

4 个网络 202.114.129.0/24、202.114.130.0/24、202.114.132.0/24 和 202.114.133.0/24，在路由器中汇聚成一条路由，该路由的网络地址是＿（30）＿。

（30）A．202.114.128.0/21　　B．202.114.128.0/22
C．202.114.130.0/22　　D．202.114.132.0/20

试题（30）分析

本题考查 IP 地址与路由汇聚。

地址 202.114.129.0/24 的二进制形式是 **11001010. 01110010. 1000 0001**. 0000 0000

地址 202.114.130.0/24 的二进制形式是 **11001010. 01110010. 1000 0010**. 0000 0000

地址 202.114.132.0/24 的二进制形式是 **11001010. 01110010. 1000 0100**. 0000 0000

地址 202.114.133.0/24 的二进制形式是 **11001010. 01110010. 1000 0101**. 0000 0000

所以路由器中汇聚成一条路由后的网络地址是 202.114.128.0/21。

参考答案

（30）A

试题（31）

以下关于在 IPv6 中任意播地址的叙述中，错误的是__（31）__。

（31）A．只能指定给 IPv6 路由器　　B．可以用作目标地址

C．可以用作源地址　　D．代表一组接口的标识符

试题（31）分析

本试题考查 IPv6 中任意播地址。

IPv6 中任意播地址不能用作源地址。

参考答案

（31）C

试题（32）

RIPv2 对 RIPv1 协议的改进之一是采用水平分割法。以下关于水平分割法的说法中错误的是__（32）__。

（32）A．路由器必须有选择地将路由表中的信息发送给邻居

B．一条路由信息不会被发送给该信息的来源

C．水平分割法为了解决路由环路

D．发送路由信息到整个网络

试题（32）分析

本题考查 RIP 路由协议相关内容。

RIPv2 对 RIPv1 协议的改进之一是采用水平分割法。水平分割法的具体含义是路由器必须有选择地将路由表中的信息发送给邻居，即一条路由信息不会被发送给该信息的来源，目的就是为了解决路由环路。路由信息只发送给其邻居。

参考答案

（32）D

试题（33）

OSPF 协议把网络划分成 4 种区域（Area），存根区域（stub）的特点是__（33）__。

（33）A．可以接受任何链路更新信息和路由汇总信息

B．作为连接各个区域的主干来交换路由信息

C．不接受本地自治系统以外的路由信息，对自治系统以外的目标采用默认路由 0.0.0.0

D．不接受本地 AS 之外的路由信息，也不接受其他区域的路由汇总信息

试题（33）分析

本题考查 OSPF 路由协议相关内容。

每个 OSPF 区域被指定了一个 32 位的区域标识符，可以用点分十进制表示，例如主干区域的标识符可表示为 0.0.0.0。OSPF 的区域分为以下 4 种，不同类型的区域对由自治系统外部传入的路由信息的处理方式不同：

- 标准区域：标准区域可以接收任何链路更新信息和路由汇总信息。
- 主干区域：主干区域是连接各个区域的传输网络，其他区域都通过主干区域交换路由信息。主干区域拥有标准区域的所有性质。
- 存根区域：不接受本地自治系统以外的路由信息，对自治系统以外的目标采用默认路由 0.0.0.0。
- 完全存根区域：不接受自治系统以外的路由信息，也不接受自治系统内其他区域的路由汇总信息，发送到本地区域外的报文使用默认路由 0.0.0.0。完全存根区域是 Cisco 定义的，是非标准的。

参考答案

（33）C

试题（34）

在 BGP4 协议中，当接收到对方打开（open）报文后，路由器采用__（34）__报文响应从而建立两个路由器之间的邻居关系。

（34）A．建立（hello）　　B．更新（update）
C．保持活动（keepalive）　　D．通告（notification）

试题（34）分析

本试题考查 BGP4 路由协议相关内容。

在 BGP4 协议中主要有如下报文：建立（open）报文用以和邻居之间建立连接；更新（update）报文用于将变化了的路由信息发送到邻居，保持活动（keepalive）用于维持和邻居关系；通告（notification）报文用于报告错误或故障。当接收到对方打开（open）报文后，路由器采用保持活动报文响应从而建立两个路由器之间的邻居关系。

参考答案

（34）C

试题（35）

IEEE802.1ad 定义的运营商网桥协议是在以太帧中插入__（35）__字段。

（35）A．用户划分 VLAN 的标记　　B．运营商虚电路标识
C．运营商 VLAN 标记　　D．MPLS 标记

试题（35）分析

本题考查 IEEE802.1ad 协议相关内容。

IEEE802.1ad 即运营商网桥协议，其原理是在以太帧中插入运营商 VLAN 标记字段。

参考答案

（35）C

试题（36）

基于 Windows 的 DNS 服务器支持 DNS 通知，DNS 通知的作用是__（36）__。

（36）A．本地域名服务器发送域名记录
B．辅助域名服务器及时更新信息
C．授权域名服务器向管区内发送公告
D．主域名服务器向域内用户发送被攻击通知

试题（36）分析

本题考查DNS通知服务相关内容。

基于Windows的DNS服务器支持DNS通知，DNS通知的作用是辅助域名服务器及时更新信息。

参考答案

（36）B

试题（37）

采用CSMA/CD协议的基带总线，段长为2000m，数据速率为10Mb/s，信号传播速度为200m/μs，则该网络上的最小帧长应为__（37）__比特。

（37）A．100　　B．200　　C．300　　D．400

试题（37）分析

本题考查运行CSMA/CD协议的网络的最短帧长。

传播时间为：$t_p=2000/200=10\mu s$

最短帧长为：$2\times t_p\times 10\times 10^6=200$ 比特。

参考答案

（37）B

试题（38）

结构化布线系统分为六个子系统，由终端设备到信息插座的整个区域组成的是__（38）__。

（38）A．工作区子系统　　B．干线子系统　　C．水平子系统　　D．设备间子系统

试题（38）分析

本试题考查结构化布线系统构成。

由终端设备到信息插座的整个区域组成的是工作区子系统。

参考答案

（38）A

试题（39）

以下叙述中，不属于无源光网络优势的是__（39）__。

（39）A．适用于点对点通信
B．组网灵活，支持多种拓扑结构
C．安装方便，不要另外租用或建造机房
D．设备简单，安装维护费用低，投资相对较小

试题（39）分析

本题考查无源光网络相关知识。

无源光网络的优势包括组网灵活，支持多种拓扑结构；安装方便，不要另外租用或建造

机房；设备简单，安装维护费用低，投资相对较小等，但不适合点对点通信。

参考答案

（39）A

试题（40）

在 Windows 操作系统中，__（40）__文件可以帮助域名分析。

（40）A．Cookie　　B．index　　C．hosts　　D．default

试题（40）分析

本试题考查域名分析相关知识。

在 Windows 操作系统中的 hosts 文件可以帮助域名解析。

参考答案

（40）C

试题（41）

下列 DHCP 报文中，由客户端发送给服务器的是__（41）__。

（41）A．DhcpOffer　　B．DhcpNack　　C．DhcpAck　　D．DhcpDecline

试题（41）分析

本试题考查 DHCP 报文相关知识。

DhcpOffer、DhcpAck、DhcpNack 均是服务器发送给客户机的，只有 DhcpDecline 是有客户机发送给服务器。

参考答案

（41）D

试题（42）

在 Kerberos 认证系统中，用户首先向__（42）__申请初始票据。

（42）A．应用服务器 V　　B．密钥分发中心 KDC
C．票据授予服务器 TGS　　D．认证中心 CA

试题（42）分析

本题目考查 Kerberos 认证系统的认证流程。

Kerberos 提供了一种单点登录（SSO）的方法。考虑这样一个场景，在一个网络中有不同的服务器，如打印服务器、邮件服务器和文件服务器。这些服务器都有认证的需求。很自然的，让每个服务器自己实现一套认证系统是不现实、不可能的，而是提供一个中心认证服务器（AS-Authentication Server）供这些服务器使用。这样任何客户端就只需维护一个密码就能登录所有服务器。

因此，在 Kerberos 系统中至少有三个角色：认证服务器（AS），客户端（Client）和普通服务器（Server）。客户端和服务器将在 AS 的帮助下完成相互认证。

在 Kerberos 系统中，客户端和服务器都有一个唯一的名字。同时，客户端和服务器都有自己的密码，并且它们的密码只有自己和认证服务器 AS 知道。

客户端在进行认证时，需首先向密钥分发中心来申请初始票据。

参考答案

（42）B

试题（43）

下列关于网络设备安全的描述中，错误的是__（43）__。

（43）A. 为了方便设备管理，重要设备采用单因素认证

B. 详细记录网络设备维护人员对设备的所有操作和配置更改

C. 网络管理人员调离或退出本岗位时设备登录口令应立即更换

D. 定期备份交换路由设备的配置和日志

试题（43）分析

本题目考查网络安全方面的知识。

为了实现网络安全，网络设备的管理认证一般采用多因素认证（MFA）方式。MFA 是通过结合两个或三个独立的凭证：用户知道什么（知识型的身份验证），用户有什么（安全性令牌或者智能卡），用户是什么（生物识别验证）。单因素身份验证（SFA）与之相比，只需要用户现有的知识，安全性较低。网络维护人员对网络设备的所有操作和配置的更改，需要详细的进行记录、登记，对于较为关键和核心的配置更改，需要先进性实验和验证，并通过审批之后才能够在生产设备上进行实施；当网络管理人员调离岗位或者退出本岗位时，需及时将其权限进行取消或者口令更换；对所有设备的配置和日志应定期进行备份。

参考答案

（43）A

试题（44）

下列关于 IPSec 的说法中，错误的是__（44）__。

（44）A. IPSec 用于增强 IP 网络的安全性，有传输模式和隧道模式两种模式

B. 认证头 AH 提供数据完整性认证、数据源认证和数据机密性服务

C. 在传输模式中，认证头仅对 IP 报文的数据部分进行了重新封装

D. 在隧道模式中，认证头对含原 IP 头在内的所有字段都进行了封装

试题（44）分析

本题目考查网络安全方面的知识。

IPSec 传送认证或加密的数据之前，必须就协议、加密算法和使用的密钥进行协商。密钥交换协议提供这个功能，并且在密钥交换之前还要对远程系统进行初始的认证。

IPSec 认证头提供了数据完整性和数据源认证，但是不提供保密服务。AH 包含了对称密钥的散列函数，使得第三方无法修改传输中的数据。IPSec 支持下面的认证算法。

①HMAC-SHA1（Hashed Message Authentication Code-Secure Hash Algorithm 1），128 位密钥。

②HMAC-MD5（HMAC-Message Digest 5），160 位密钥。

IPSec 有两种模式：传输模式和隧道模式。在传输模式中，IPSec 认证头插入原来的 IP 头之后（如图所示），IP 数据和 IP 头用来计算 AH 认证值。IP 头中的变化字段（例如跳步计数和 TTL 字段）在计算之前置为 0，所以变化字段实际上并没有被认证。

AH 前	原来的IP头	TCP	数据	
AH后的IPv4传输模式	原来的IP头	AH	TCP	数据

传输模式的认证头

在隧道模式中，IPSec 用新的 IP 头封装了原来的 IP 数据报（包括原来的 IP 头），原来 IP 数据报的所有字段都经过了认证，如图所示。

隧道模式的认证头

参考答案

（44）B

试题（45）

甲和乙从认证中心 CA_1 获取了自己的证书 $I_{甲}$和 $I_{乙}$，丙从认证中心 CA_2 获取了自己的证书 $I_{丙}$，下面说法中错误的是＿（45）＿。

（45）A．甲、乙可以直接使用自己的证书相互认证

B．甲与丙及乙与丙可以直接使用自己的证书相互认证

C．CA_1 和 CA_2 可以通过交换各自公钥相互认证

D．证书 $I_{甲}$、$I_{乙}$和 $I_{丙}$中存放的是各自的公钥

试题（45）分析

本题考查 CA 数字证书认证的基础知识。

CA 为用户产生的证书应具有以下特性。

①只要得到 CA 的公钥，就能由此得到 CA 为用户签署的公钥。

②除 CA 外，其他任何人员都不能以不被察觉的方式修改证书的内容。

如果所有用户都由同一 CA 签署证书，则这一 CA 就必须取得所有用户的信任。如果用户数量很多，仅一个 CA 负责为所有用户签署证书就可能不现实。通常应有多个 CA，每个 CA 为一部分用户发行和签署证书。用户之间需要进行认证，首先需要对各自的认证中心进行认证，要认证 CA，则需 CA 和 CA 之间交换各自的证书。

参考答案

（45）B

试题（46）

假设两个密钥分别是 K1 和 K2，以下＿（46）＿是正确使用三重 DES 加密算法对明文 M 进行加密的过程。

①使用 K1 对 M 进行 DES 加密得到 C_1

②使用K1对C_1进行DES解密得到C_2

③使用K2对C_1进行DES解密得到C_2

④使用K1对C_2进行DES加密得到C_3

⑤使用K2对C_2进行DES加密得到C_3

（46）A．①②⑤　　B．①③④　　C．①②④　　D．①③⑤

试题（46）分析

本题目考查DES加密方面的知识。

DES加密算法使用56位的密钥以及附加的8位奇偶校验位（每组的第8位作为奇偶校验位），产生最大64位的分组大小。这是一个迭代的分组密码，将加密的文本块分成两半。使用子密钥对其中一半应用循环功能，然后将输出与另一半进行“异或”运算；接着交换这两半，这一过程会继续下去，但最后一个循环不交换。DES使用16轮循环，使用异或、置换、代换、移位操作四种基本运算。三重DES所使用的加密密钥长度为112位。

3DES加密的过程是使用密钥K1对明文进行DES加密之后，使用密钥K2对其进行解密后，再使用K1对其进行第二次DES加密得到最终的密文。

参考答案

（46）B

试题（47）

下面可提供安全电子邮件服务的是__（47）__。

（47）A．RSA　　B．SSL　　C．SET　　D．S/MIME

试题（47）分析

本题目考查网络安全、安全电子邮件方面的知识。

RSA加密算法是一种非对称加密算法。在公开密钥加密和电子商业中RSA被广泛使用。

SSL（Secure Sockets Layer，安全套接层）及其继任者传输层安全（Transport Layer Security，TLS）是为网络通信提供安全及数据完整性的一种安全协议。TLS与SSL在传输层对网络连接进行加密。

SET（Secure Electronic Transaction，安全电子交易）协议主要应用于B2C模式中保障支付信息的安全性。SET协议本身比较复杂，设计比较严格，安全性高，它能保证信息传输的机密性、真实性、完整性和不可否认性。

电子邮件由一个邮件头部和一个可选的邮件主体组成，其中邮件头部含有邮件的发送方和接收方的有关信息。对于邮件主体来说，IETF在RFC 2045～RFC 2049中定义的MIME规定，邮件主体除了ASCII字符类型之外，还可以包含各种数据类型。用户可以使用MIME增加非文本对象，比如把图像、音频、格式化的文本或微软的Word文件加到邮件主体中去。

S/MIME在安全方面的功能又进行了扩展，它可以把MIME实体（比如数字签名和加密信息等）封装成安全对象。RFC 2634定义了增强的安全服务，例如具有接收方确认签收的功能，这样就可以确保接收者不能否认已经收到过的邮件。

参考答案

（47）D

试题（48）、（49）

结合速率与容错，硬盘做 RAID 效果最好的是＿（48）＿，若做 RAID5，最少需要＿（49）＿块硬盘。

（48）A．RAID 0　　B．RAID 1　　C．RAID 5　　D．RAID 10

（49）A．1　　B．2　　C．3　　D．5

试题（48）、（49）分析

本题目考查 RAID 方面的基础知识。

结合速率与容错，硬盘做 RAID 效果最好的是 RAID 10，若做 RAID5，最少需要 3 块硬盘。

参考答案

（48）D　（49）C

试题（50）

下列存储方式中，基于对象存储的是＿（50）＿。

（50）A．OSD　　B．NAS　　C．SAN　　D．DAS

试题（50）分析

本题考查网络存储方面的基础知识。

传统的网络存储结构大致分为三种：直连式存储（Direct Attached Storage，DAS）、网络连接式存储（Network Attached Storage，NAS）和存储网络（Storage Area Network，SAN）。对象存储系统（Object-Based Storage Device）是综合了 NAS 和 SAN 的优点，同时具有 SAN 的高速直接访问和 NAS 的数据共享等优势，提供了高可靠性、跨平台性以及安全的数据共享的新型存储体系结构。

参考答案

（50）A

试题（51）

网络逻辑结构设计的内容不包括＿（51）＿。

（51）A．逻辑网络设计图
B．IP 地址方案
C．具体的软硬件、广域网连接和基本服务
D．用户培训计划

试题（51）分析

本题考查逻辑网络设计的基础知识。

网络生命周期中，一般将迭代周期划分为五个阶段，即需求规范、通信规范、逻辑网络设计、物理网络设计和实施阶段。

网络的逻辑设计来自于用户需求中描述的网络行为、性能等要求，逻辑设计要根据网络用户的分类、分布、选择特定的技术，形成特定的网络结构，该网络结构大致描述了设备的互连及分布，但是不对具体的物理位置和运行环境进行确定。逻辑设计过程主要包括四个方面，即逻辑设计目标、网络服务评价、技术选项评价和技术决策。

逻辑网络设计阶段，主要完成网络的逻辑拓扑结构、网络编址、设备命名、交换及路由协议的选择、安全规划、网络管理等设计工作，并且根据这些设计产生对设备厂商、服务供应商的选择策略。

参考答案

（51）D

试题（52）

采用 P2P 协议的 BT 软件属于__（52）__。

（52）A．对等通信模式　　B．客户机-服务器通信模式
C．浏览器-服务器通信模式　　D．分布式计算通信模式

试题（52）分析

本题考查 P2P 的基础知识。

采用 P2P 协议的 BT 软件属于对等通信模式，即任何一台主机既可作为服务器，又可作为客户机。

参考答案

（52）A

试题（53）

广域网中有多台核心路由设备连接各局域网，每台核心路由器至少存在两条路由，这种网络结构称为__（53）__。

（53）A．层次子域广域网结构　　B．对等子网广域网结构
C．半冗余广域网结构　　D．环形广域网结构

试题（53）分析

本题考查核心路由器的基础知识。

核心路由器至少存在两条路由，半冗余广域网结构。

参考答案

（53）C

试题（54）

某企业通过一台路由器上联总部，下联 4 个分支机构，设计人员分配给下级机构一个连续的地址空间，采用一个子网或者超网段表示。这样做的主要作用是__（54）__。

（54）A．层次化路由选择　　B．易于管理和性能优化
C．基于故障排查　　D．使用较少的资源

试题（54）分析

本题考查网络地址设计的基础知识。

层次化编址是一种对地址进行结构化设计的模型，使用地址的左半部的号码可以体现大块的网络或者节点群，而右半部可以体现单个网络或节点。层次化编址的主要优点在于可以实现层次化的路由选择，有利于在网络互连路由设备之间发现网络拓扑。

设计人员在进行地址分配时，为了配合实现层次化的路由器，必须遵守一条简单的规则，如果网络中存在分支管理，而且一台路由器负责连接上级和下级机构，则分配给这些下级机构网段应该属于一个连续的地址空间，并且这些连续的地址空间可以用一个子网或者超网段

表示。

如题所示，若每个分支结构分配一个 C 类地址段，整个企业申请的地址空间为 202.103.64.0～202.103.79.255（202.103.64.0/20）；则这 4 个分支机构应该分配连续的 C 类地址，例如 202.103.64.0、24～202.103.67.0/24，则这 4 个 C 类地址可以用 202.103.64.0/22 这个超网表示。

参考答案

（54）A

试题（55）、（56）

在网络规划中，政府内外网之间应该部署网络安全防护设备。在下图中部署的设备 A 是__（55）__，对设备 A 的作用描述错误的是__（56）__。

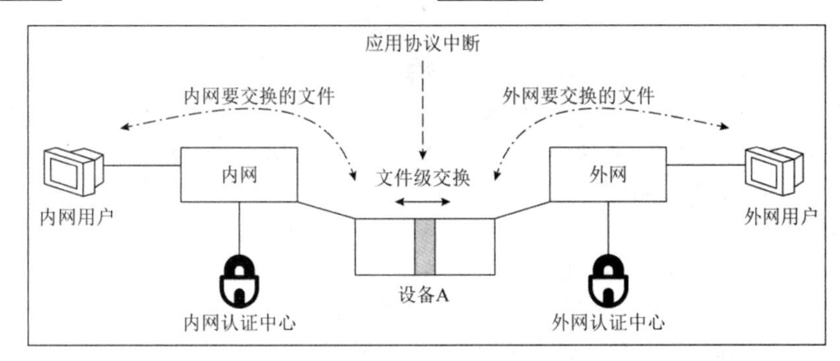

（55）A．IDS　B．防火墙　C．网闸　D．UTM

（56）A．双主机系统，即使外网被黑客攻击瘫痪也无法影响到内网
B．可以防止外部主动攻击
C．采用专用硬件控制技术保证内外网的实时连接
D．设备对外网的任何响应都是对内网用户请求的应答

试题（55）、（56）分析

本题考查网闸方面的基础知识。

网闸是使用带有多种控制功能的固态开关读写介质连接两个独立主机系统的信息安全设备。由于物理隔离网闸所连接的两个独立主机系统之间，不存在通信的物理连接、逻辑连接、信息传输命令、信息传输协议，不存在依据协议的信息包转发，只有数据文件的无协议“摆渡”，且对固态存储介质只有“读”和“写”两个命令。所以，物理隔离网闸从物理上隔离、阻断了具有潜在攻击可能的一切连接，使“黑客”无法入侵、无法攻击、无法破坏，实现了真正的安全。

使用安全隔离网闸的意义如下：

（1）当用户的网络需要保证高强度的安全，同时又与其他不信任网络进行信息交换的情况下，如果采用物理隔离卡，用户必须使用开关在内外网之间来回切换，不仅管理起来非常麻烦，使用起来也非常不方便。如果采用防火墙，由于防火墙自身的安全很难保证，所以防火墙也无法防止内部信息泄露和外部病毒、黑客程序的渗入，安全性无法保证。在这种情况下，安全隔离网闸能够同时满足这两个要求，弥补了物理隔离卡和防火墙的不足之处，是最好的选择。

（2）对网络的隔离是通过网闸隔离硬件实现两个网络在链路层断开，但是为了交换数据，通过设计的隔离硬件在两个网络对应层上进行切换，通过对硬件上的存储芯片的读写，完成数据的交换。

（3）安装了相应的应用模块之后，安全隔离网闸可以在保证安全的前提下，使用户可以浏览网页、收发电子邮件、在不同网络上的数据库之间交换数据，并可以在网络之间交换定制的文件。

参考答案

（55）C （56）C

试题（57）、（58）

某公寓在有线网络的基础上进行无线网络建设，实现无线入室，并且在保证网络质量的情况下成本可控，应采用的设备布放方式是＿（57）＿。使用 IxChariot 软件，打流测试结果支持 80MHz 信道的上网需求，无线 AP 功率 25mW，信号强度大于–65dB。网络部署和设备选型可以采取的措施有以下选择：

①采用 802.11ac 协议；

②交换机插控制器板卡，采用 1+1 主机热备；

③每台 POE 交换机配置 48 口千兆板卡，做双机负载；

④POE 交换机做楼宇汇聚，核心交换机作无线网的网关。

为达到高可靠性和高稳定性，选用的措施有＿（58）＿。

（57）A．放装方式 B．馈线方式 C．面板方式 D．超瘦 AP 方式

（58）A．①②③④ B．④ C．②③ D．①③④

试题（57）、（58）分析

本题考查网络规划方面的基础知识。

随着笔记本电脑、智能手机、平板电脑等智能无线终端的不断普及，无线上网已经成为学生连接校园网的主要方式，IEEE 802.11ac 协议在物理层采用了 MIMO 和 OFDM 复用以及 40MHz 信道宽度等技术，使它的物理速率最高可以达到 1000Mb/s。使无线网进入千兆接入时代。

比较 4 种 AP 布放的技术方案，不同方案的缺点对比如下：

- 放装部署的缺点是墙体衰减过大，导致信号覆盖不均匀。
- 馈线部署的缺点是容易产生 AP 瓶颈，速度低，非标准性协议，无后续新产品。
- 面板部署的缺点是使用 AP 数量多，License、PoE 交换机、控制器数量随之增加，导致费用高。
- 超瘦 AP 部署的缺点是超瘦 AP 不能脱离主 AP。

随着无线网络的普及，在行业中已经形成了相对完善的公寓无线网设计（部署）原则。

比如说无线信号入房间：设计理念是无线可以独立满足用户需求，与有线并驾齐驱；保障无线信号的覆盖、质量和容量，首选是 802.11ac。在节省成本方面，不同场景使用不同型

号产品，保证性能的情况下，价格最优；网线利旧，借用公寓 1 个原有线点位，节省布线成本；便于施工和升级换代兼容性，宿舍无线 AP 采用通用网络连接（线路将来可利旧）；汇聚和核心交换机（含控制器）采用通用产品。

重视控制器和核心交换机选型，主要的技术措施包括：①核心交换机和控制器合二为一，采用控制器插板卡形式；②高端交换机插控制器板卡：2 台（冗余、稳定、节约成本、节省空间）；③高端交换机承担楼宇无线汇聚和核心交换机（用户网关）功能；④单台配置多口万兆板卡，可双机负载分担，同时解决楼宇接入单点故障（手工拔插卡）；⑤单台配多个控制卡，控制器板卡可做热备等。

参考答案

（57）D　（58）A

试题（59）

RIPv2 路由协议在发送路由更新时，使用的目的 IP 地址是＿（59）＿。

（59）A．255.255.255.255　　B．224.0.0.9
　　C．224.0.0.10　　D．224.0.0.1

试题（59）分析

本题考查 RIPv2 路由协议采用的组播地址。

RIPv2 路由协议在发送路由更新时，使用的组播地址是 224.0.0.9。

参考答案

（59）B

试题（60）、（61）

某单位网络拓扑结构、设备接口及 IP 地址的配置如下图所示，R1 和 R2 上运行 RIPv2 路由协议。

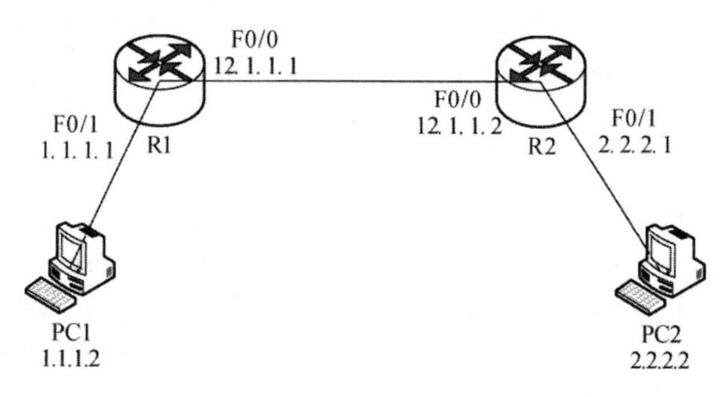

在配置完成后，路由器 R1、R2 的路由表如下所示。

R1 的路由表：

C　　1.1.1.0 is directly connected, FastEthernet0/1

C　　12.1.1.0 is directly connected, FastEthernet0/0

R2 的路由表：

R　　1.0.0.0/8 [120/1] via 12.1.1.1, 00:00:06, FastEthernet0/0

C　　2.2.2.0 is directly connected, FastEthernet0/1

C 12.1.1.0 is directly connected, FastEthernet0/0

R1路由表未达到收敛状态的原因可能是__（60）__，如果此时在PC1上ping主机PC2，返回的消息是__（61）__。

（60）A．R1的接口F0/0未打开　　B．R2的接口F0/0未打开
C．R1未运行RIPv2路由协议　　D．R2未宣告局域网路由

（61）A．Request timed out
B．Reply from 1.1.1.1: Destination host unreachable
C．Reply from 1.1.1.1: bytes=32 time=0ms TTL=255
D．Reply from 2.2.2.2: bytes=32 time=0ms TTL=126

试题（60）、（61）分析

本题目考查路由协议方面的知识。

RIPv2路由协议是一种距离矢量路由协议，依据水平分割理论进行路由信息更新。前提是在相应的路由器接口上宣告要更新的路由信息。当路由器上的一个接口未打开时，路由表中不会出现该接口的直连路由信息，未运行相应路由协议，路由器不会接收该路由协议的路由更新。

ping报告类型为3，代码为3，说明产生信宿不可达报文的原因可能是端口不可达。在ICMP报文的数据部分封装了出错数据报的部分信息。产生信宿不可达报文的原因还有可能是网络不可达、主机不可达和协议不可达等，其代码分别为0、1、2。由于在路由表中不存在相应的局域网路由，当ping该网络的地址时，路由器在路由表中无法找到相应的匹配项，则不能将该ping包转发出去，因此会返回该目的地址不可达的信息。

参考答案

（60）D　（61）B

试题（62）

在工作区子系统中，信息插座与电源插座的间距不小于__（62）__cm。

（62）A．10　　B．20　　C．30　　D．40

试题（62）分析

本题目考查综合布线方面的知识。

综合布线系统有水平子系统、干线子系统、工作区子系统、设备间子系统、管理子系统和建筑物间子系统六个子系统。其中工作区子系统应由配线（水平）布线系统的信息插座，延伸到工作站终端设备处的连接电缆及适配器组成。为了避免强电系统对弱电系统信号的干扰，信息插座与电源插座应保持一定的间距，按照综合布线系统施工标准要求，其间距不应小于20cm。

参考答案

（62）A

试题（63）

下列不属于水平子系统的设计内容的是__（63）__。

（63）A．布线路由设计　　B．管槽设计　　C．设备安装、调试　　D．线缆选

试题（63）分析

本题目考查综合布线方面的知识。

水平子系统由工作区用的信息插座，每层配线设备至信息插座的配线电缆、楼层配线设备和跳线等组成。水平子系统中主要针对从配线间到工作区信息插座之间的传输介质路由进行设计和铺设。因此，水平子系统的实际内容不应该包括设备的安装和调试部分。

参考答案

（63）C

试题（64）

影响光纤熔接损耗的因素较多，以下因素中影响最大的是＿（64）＿。

（64）A．光纤模场直径不一致　　B．两根光纤芯径失配

C．纤芯截面不圆　　D．纤芯与包层同心度不佳

试题（64）分析

本题目考查网络传输介质和综合布线方面的知识。

影响光纤熔接损耗的因素包括：本证因素和非本证因素两种。

本证因素包括：光纤模场直径不一致、芯径失配、折射率失配、纤芯与包层同心度不良等，非本证因素包括接续方式、接续工艺和接续设备不完善引起的。主要有轴心错位、轴心倾斜、端面分离、端面质量等方面。

在以上所有的影响熔接损耗的因素中，光纤场模直径不一致这一本证因素影响最为巨大。

参考答案

（64）A

试题（65）

下列叙述中，＿（65）＿不属于综合布线系统的设计原则。

（65）A．综合布线系统与建筑物整体规划、设计和建设各自进行

B．综合考虑用户需求、建筑物功能、经济发展水平等因素

C．长远规划思想、保持一定的先进性

D．采用扩展性、标准化、灵活的管理方式

试题（65）分析

本题目考查综合布线方面的知识。

综合布线系统的设计主要是通过对建筑物结构、系统、服务与管理 4 个要素的合理优化，使整个系统成为一个功能明确、投资合理、应用高效、扩容方便的实用综合布线系统。具体来说，应遵循兼容性、开放性、灵活性、可靠性、先进性、用户至上的原则。由于综合布线对于建筑物的功能和今后很长一段时间的可用性和智能性有一定的要求，因此在具体实施时，综合布线系统的设计应与建筑物的整体规划、规划、设计和建设时同步进行，并应考虑经济、功能等发展需要和要求，达到一定的先进性，实现标准化、可扩展、较灵活的管理和运行方式。

参考答案

（65）A

试题（66）、（67）

某企业有电信和联通 2 条互联网接入线路，通过部署＿（66）＿可以实现内部用户通过电信信道访问电信目的 IP 地址，通过联通信道访问联通目的 IP 地址。也可以配置基于＿（67）＿的策略路由，实现行政部和财务部通过电信信道访问互联网，市场部和研发部通过联通信道访问互联网。

（66）A．负载均衡设备　　B．网闸
　　C．安全审计设备　　D．上网行为管理设备

（67）A．目标地址　　B．源地址　　C．代价　　D．管理距离

试题（66）、（67）分析

本题考查链路负载和策略路由的相关知识。

该题中，需要通过负载均衡设备对多条链路进行负载实现，同时需要配置基于源地址的策略路由，通过判断源地址选择互联网接入线路，实现行政部和财务部通过电信信道访问互联网，市场部和研发部通过联通信道访问互联网。

参考答案

（66）A　（67）B

试题（68）

某企业网络管理员发现数据备份速率突然变慢，初步检查发现备份服务器和接入交换机的接口速率均显示为百兆，而该连接两端的接口均为千兆以太网接口，且接口速率采用自协商模式。排除该故障的方法中不包括＿（68）＿。

（68）A．检查设备线缆　　B．检查设备配置
　　C．重启设备端口　　D．重启交换机

试题（68）分析

本题考查网络故障排除的相关知识。

千兆以太网接口在自协商模式，接口速率降为百兆，一般为配置或者线缆故障，常见处理办法包括：检查线缆或水晶头、检查设备配置、重启设备端口（该设备为备份服务器，备份一般采用定时备份，所以可以重启设备端口）等，但是不能重启交换机，重启交换机将会对该交换机连接的所以设备造成网络中断的影响。

参考答案

（68）D

试题（69）、（70）

某企业门户网站（www.xxx.com）被不法分子入侵，查看访问日志，发现存在大量入侵访问记录，如下图所示。

```
www.xxx.com/news/html/?0'union select 1 from (select count(*),concat(floor(rand(0)*2),0x3a,(select concat(user,0x3a,password) from pwn_base_admin limit 0,1),0x3a)a from information_schema.tables group by a)b where'1'='1.htm
```

该入侵为＿（69）＿攻击，应配备＿（70）＿设备进行防护。

（69）A．DDOS　　B．跨站脚本　　C．SQL 注入　　D．远程命令执行

（70）A．WAF（Web 安全防护） B．IDS（入侵检测）
C．漏洞扫描系统 D．负载均衡

试题（69）、（70）分析

本题考查 SQL 注入攻击和防范的相关知识。

从入侵日志看，攻击者通过在 URL 地址中，注入 SQL 命令进行攻击，故该入侵为 SQL 注入攻击，应配备 WAF（Web 安全防护）设备进行防护。

参考答案

（69）C（70）A

试题（71）～（75）

Typically, an IP address refers to an individual host on a particular network. IP also accommodates addresses that refer to a group of hosts on one or more networks. Such addresses are referred to as multicast addresses, and the act of sending a packet from a source to the members of a __（71）__ group is referred to as multicasting. Multicasting done __（72）__ the scope of a single LAN segment is straightforwarD．IEEE 802 and other LAN protocols include provision for MAC-level multicast addresses. A packet with a multicast address is transmitted on a LAN segment. Those stations that are members of the __（73）__ multicast group recognize the multicast address and __（74）__ the packet. In this case, only a single copy of the packet is ever transmitteD．This technique works because of the __（75）__ nature of a LAN: A transmission from any one station is received by all other stations on the LAN.

（71）A．numerous B．only C．single D．multicast
（72）A．within B．out of C．beyond D．cover
（73）A．different B．unique C．special D．corresponding
（74）A．reject B．accept C．discard D．transmit
（75）A．multicast B．unicast C．broadcast D．multiple unicast

参考译文

通常，一个 IP 地址指向某网络上的一个主机。IP 同时也具有指向一个或多个网络中的一组主机的地址形式，这种地址称为多播地址，而将分组从一个源点发送到一个多播组所有成员的行为称为多播。在单个局域网段范围内的多播操作相当简单。IEEE 802 和其他局域网协议都包括了对 MAC 层多播地址的支持。当一个具有多播地址的分组在某个局域网段上传输时，相应多播组的成员都能识别出这个多播地址，并接受该分组。在这种情况下，只需要传输一个分组副本。这种技术之所以能行之有效，是因为局域网本身具有广播特性：来自任何一个站点上的传输都会被局域网中的所有其他站点接收到。

参考答案

（71）D （72）A （73）D （74）B （75）C

第2章　2017下半年网络规划设计师下午试题Ⅰ分析与解答

试题一（共25分）

阅读以下说明，回答问题1至问题4，将解答填入答题纸对应的解答栏内。

【说明】

某政府部门网络用户包括有线网络用户、无线网络用户和有线摄像头若干，组网拓扑如图1-1所示。访客通过无线网络接入互联网，不能访问办公网络及管理网络，摄像头只能跟DMZ区域服务器互访。

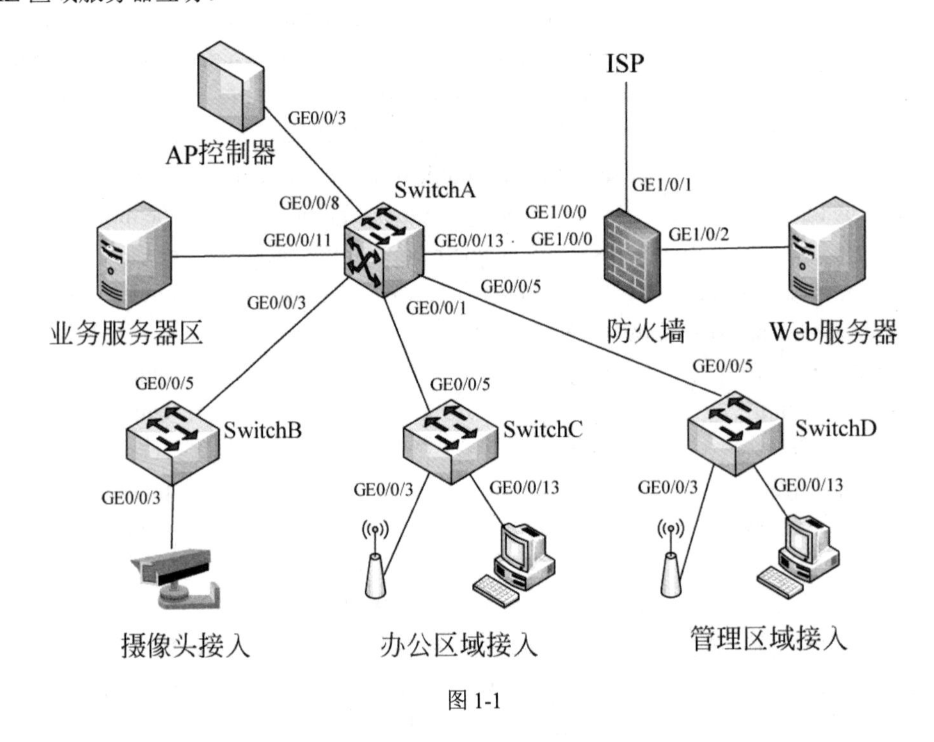

图1-1

表1-1　网络接口规划

设备名	接口编号	所属VLAN	IP地址
防火墙	GE1/0/0	-	10.107.1.2/24
	GE1/0/1	-	109.1.1.1/24
	GE1/0/2	-	10.106.1.1/24
AP控制器	GE0/0/3	100	VLANIF100:10.100.1.2/24

续表

设备名	接口编号	所属 VLAN	IP 地址
SwitchA	GE0/0/1	101、102、103、105	VLANIF105:10.105.1.1/24
	GE0/0/3	104	VLANIF104:10.104.1.1/24
	GE0/0/5	101、102、103、105	VLANIF101:10.101.1.1/24 VLANIF102:10.102.1.1/24 VLANIF103:10.103.1.1/24
	GE0/0/8	100	VLANIF100:10.100.1.1/24
	GE0/0/11	108	VLANIF108:10.108.1.1/24
	GE0/0/13	107	VLANIF107:10.107.1.2/24
SwitchC	GE0/0/3	101、102、105	-
	GE0/0/5	101、102、103、105	-
	GE0/0/13	103	-
SwitchD	GE0/0/3	101、102、105	-
	GE0/0/5	101、102、103、105	-
	GE0/0/13	103	-

表 1-2　VLAN 规划

项　　目	描　　述
VLAN 规划	VLAN100：无线管理 VLAN VLAN101：访客无线业务 VLAN VLAN102：员工无线业务 VLAN VLAN103：员工有线业务 VLAN VLAN104：摄像头的 VLAN VLAN105：AP 所属 VLAN VLAN107：对应 VLANIF 接口上行防火墙 VLAN108：业务区接入 VLAN

【问题 1】（6 分）

进行网络安全设计，补充防火墙数据规划表 1-3 内容中的空缺项。

表 1-3　防火墙数据规划表

安 全 策 略	源 安 全 域	目的安全域	源地址/区域	目的地址/区域
egress	trust	untrust	（1）	-
dmz_camera	dmz	trust	10.106.1.1/24	10.104.1.1/24
untrust_dmz	untrust	dmz	-	10.106.1.1/24
源 net 策略 egress	trust	untrust	srcip	（2）
源 net 策略 camera_dmz	trust	dmz	camera	（3）

备注：NAT 策略转换方式为地址池中地址，IP 地址 109.1.1.2。

【问题 2】（8 分）

进行访问控制规则设计，补充 SwitchA 数据规划表 1-4 内容中的空缺项。

表 1-4　SwitchA 数据规划表

项目	VLAN	源 IP	目的 IP	动作
ACL	101	（4）	10.100.1.0/0.0.0.255	丢弃
		10.101.1.0/0.0.0.255	10.108.1.0/0.0.0.255	（5）
	104	10.104.1.0/0.0.0.255	10.106.1.0/0.0.0.255	（6）
		10.104.1.0/0.0.0.255	（7）	丢弃

【问题 3】（8 分）

补充路由规划内容，填写表 1-5 中的空缺项。

表 1-5 路由规划表

设 备 名	目的地址/掩码	下 一 跳	描 述
防火墙	（8）	10.107.1.1	访问访客无线终端的路由
	（9）	10.107.1.1	访问摄像头的路由
SwitchA	0.0.0.0/0.0.0.0	10.107.1.2	缺省路由
AP 控制器	（10）	（11）	缺省路由

【问题 4】（3 分）

配置 SwitchA 时，下列命令片段的作用是（12）。

```
[SwitchA] interface Vlanif 105
[SwitchA-Vlanif105] dhcp server option 43 sub-option 3 ascii 10.100.1.2
[SwitchA-Vlanif105] quit
```

试题一分析

本题考查中小型网络组网方案的构建。

网络设计采用树形组网，包含接入层、核心层、DMZ 服务器和防火墙出口。

该网络提供无线覆盖，无线网络主要给办公用户和访客提供网络接入 Internet，其中办公用户 SSID 采用预共享密钥的方式接入无线网络，访客 SSID 采用 OPEN 方式接入无线网络。AP 控制器部署直接转发模式，AP 三层上线。SwitchA 作为 DHCP Server，为 AP 和无线终端分配 IP 地址。

该网络的有线接入主要给员工提供网络接入 Internet；有线用户不需要认证。SwitchA 交换机是有线终端的网关，同时也是有线终端的 DHCP Server，为有线终端分配 IP 地址。

在安全性需求方面，该网络保护管理区的数据安全，在 SwitchA 部署 ACL 控制用户转发权限，使得顾客无线用户只能访问 Internet，不允许访问其他内部资源。在 SwitchA 部署 ACL，控制摄像头只能和 DMZ 区的服务器互访。在防火墙上配置安全策略，控制 DMZ 区服务器的访问权限。

防火墙上承载网络出口业务，DMZ 区的服务器开放给公网访问。

【问题 1】

本问题要求根据题中的说明给出相应的源地址/区域或者目的地址/区域。防火墙策略中 egress 策略需要给出访问外网的终端地址，通过表 1-1 可知相关 VLAN 分别是 101、102、103、108。

防火墙策略中源 net 策略 egress 的含义是在防火墙上做 NAT，地址池中地址使用 109.1.1.2，目的地址任意。

防火墙策略中源 net 策略 camera_dmz 的含义，摄像头可以访问 DMZ。

【问题 2】

在 SwitchA 上做访问控制，从表 1-1、表 1-2 可知，访客对内网段均无访问权限。摄像头所属 VLAN 可以通过防火墙访问服务器，不能访问其他内网区域。

【问题 3】

在防火墙的配置中，首先配置上行接口地址，所属安全区域是 untrust。接下来配置下行接口，分别是 trust 区域和 dmz 区域对应的下行接口地址。接下来配置安全策略，其中源 IP 对应的访客网段和摄像头网段的下一跳都指向防火墙 trust 区域的接口地址。

AP 控制器网关是 10.100.1.1，因此默认路由的下一跳是 10.100.1.1。

【问题 4】

dhcp server option 命令用来配置当前接口的 DHCP 地址池的自定义选项。配置命令 option 43 sub-option 3 ascii 10.100.1.2。其中，sub-option 3 为固定值，代表子选项类型；hex 31302E3130302E312E32 与 ascii 10.100.1.2 分别是 AC 地址 10.100.1.2 的 HEX 格式和 ASCII 格式。

试题一参考答案

【问题 1】

（1）10.101.1.1/24；10.102.1.1/24；10.103.1.1/24；10.108.1.1/24

（2）any

（3）dmz

【问题 2】

（4）10.101.1.0/0.0.0.255　　（5）丢弃　　（6）通过　　（7）any

【问题 3】

（8）10.101.1.0/255.255.255.0　（9）10.104.1.0/255.255.255.0

（10）0.0.0.0/0.0.0.0　　（11）10.100.1.1

【问题 4】

（12）为 AP 接入地址池指定 AP 控制器（AC）的 IP

试题二（共 25 分）

阅读下列说明，回答问题 1 至问题 5，将解答填入答题纸的对应栏内。

【说明】

图 2-1 所示为某企业桌面虚拟化设计的网络拓扑。

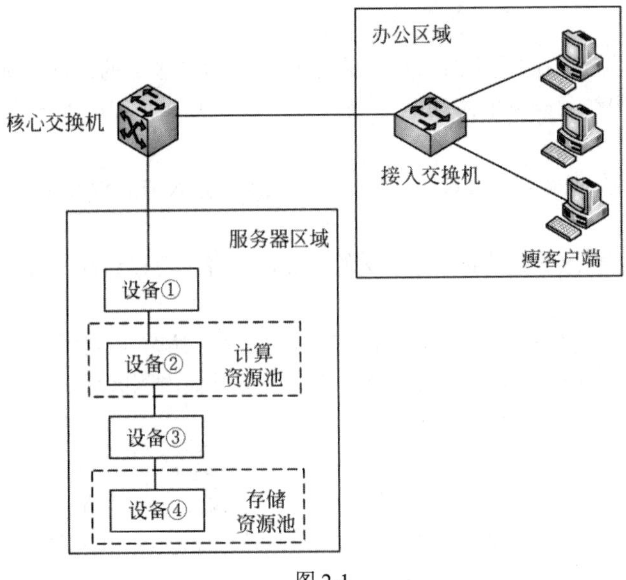

图 2-1

【问题 1】（6 分）

结合图 2-1 拓扑和桌面虚拟化部署需求，①处应部署__（1）__、②处应部署__（2）__、③处应部署__（3）__、④处应部署__（4）__。

（1）～（4）备选答案（每个选项仅限选一次）：

A．存储系统　　B．网络交换机　　C．服务器　　D．光纤交换机

【问题 2】（4 分）

该企业在虚拟化计算资源设计时，宿主机 CPU 的主频与核数应如何考虑？请说明理由。设备冗余上如何考虑？请说明理由。

【问题 3】（6 分）

图 2-1 中的存储网络方式是什么？结合桌面虚拟化对存储系统的性能要求，从性价比考虑，如何选择磁盘？请说明原因。

【问题 4】（4 分）

对比传统物理终端，简要谈谈桌面虚拟化的优点和不足。

【问题 5】（5 分）

桌面虚拟化可能会带来__（5）__等风险和问题，可以进行__（6）__等应对措施。

（5）备选答案（多项选择，错选不得分）：

A．虚拟机之间的相互攻击　　B．防病毒软件的扫描风暴

C．网络带宽瓶颈　　D．扩展性差

（6）备选答案（多项选择，错选不得分）：

A．安装虚拟化防护系统　　B．不安装防病毒软件

C．提升网络带宽　　D．提高服务器配置

试题二分析

本题考查桌面虚拟化系统的设计及优化相关知识。

此类题目要求考生熟悉桌面虚拟化的部署方式，了解桌面虚拟化的优缺点和常见问题，并具备解决问题和优化性能的能力。要求考生具有桌面虚拟化和存储系统规划管理的实际经验。

【问题 1】

在虚拟化系统中，一般由单台或者多台服务器组成计算能力或计算资源池，由服务器本地磁盘或存储系统组成存储资源池。图 2-1 中②处已标明为计算资源池，故选择服务器；④处已标明为独立的存储资源池，与计算资源池分开，故选择存储系统；①处设备连接核心交换机和服务器，故选择网络交换机；③处设备连接服务器和存储系统，一般为网络交换机和光纤交换机，结合备选答案，故选择光纤交换机。

【问题 2】

根据虚拟桌面的特性，应该选用低主频、多核心的 CPU 作为计算资源，提高资源利用率，同时，根据虚拟机和宿主机本身负荷，合理配置计算资源，建议预留 20%左右计算资源。至少应该配置 2 台以上宿主机，充分考虑设备冗余。

【问题 3】

图 2-1 中，服务器通过光纤交换机访问存储资源，可见其存储网络为 FC-SAN。虚拟化系统对存储系统性能的要求主要是 IOPS，而选择不同的磁盘会有不同的 IOPS，常见磁盘 IOPS 关系为：7.2k rpm STAT<10k rpm SAS<15k rpm SAS<SSD，考虑到性价比，选用 10k SAS 较为合适，如果预算允许，可以 SAS+SSD 混合配置或者配置少量 SSD 磁盘，作为高速缓存，提高读命中率，减少 IO 延迟。

【问题 4】

虚拟桌面系统将所有桌面虚拟机存储在数据中心统一管理，用户通过网络，使用瘦客户机访问，实现桌面系统的远程动态访问与数据中心统一托管。虚拟化系统将计算资源、存储资源进行池化，可以根据用户需求按需分配，当资源不够时，只需要扩展资源池即可，通过虚拟化系统提供的模板等功能可以实现操作系统的快速部署，通过统一的平台进行集中管理，使得系统运维便捷化。

虚拟化系统虽然有较多优点，体验感与传统物理终端并无多大差别，但是在高清影视、设计制图、3D 动画开发等特殊应用方面，性能并不好，需要配置专用显卡等设备，成本较高，数据中心的计算资源、存储资源的统一投入较大。当虚拟桌面用户量较少时，性价比较低，短期投入成本会比传统物理终端大，随着用户量的增加和长期使用，性价比要优于传统物理终端。同时，集中管控与用户的使用习惯之间存在一定矛盾。

【问题 5】

虚拟化在具有资源利用率高、扩展性好、冗余能力强、快速部署等优点的同时，也存在一定风险，具体如下：

（1）虚拟化系统创建的多个虚拟机会存储在一个或多个服务器的共享存储（或本地磁盘）上，对于宿主机来说，虚拟机只是存储在其上面的一些文件，虚拟机之间并不是物理隔离，这样会存在利用其中一台虚拟机攻击其他虚拟机的风险，可以安装虚拟化防护系统，进行虚拟机边界防护等防范措施。

（2）“三大风暴”即启动风暴、防毒扫描风暴、升级风暴。启动风暴就是大量用户在短时间内同时启动或登录虚拟桌面，需要从磁盘上读取大量的数据，会造成虚拟桌面运行缓慢、性能下降，可以配置少量 SSD 磁盘，来满足启动时的性能要求。防毒扫描风暴就是大量用户的防病毒软件在短时间内进行杀毒和扫描，严重影响存储系统性能，可以合理分配杀毒软件扫描时间或者在虚拟化系统上安装支持无代理病毒防护的虚拟化防护系统。升级风暴就是大量用户同时进行系统升级或者防病毒升级等操作，可以通过补丁分发服务器进行分时升级，降低对虚拟化系统的影响。

（3）桌面虚拟化实施后，各用户的所有操作都需要通过网络传输，达到一定数量后，会存在网络带宽瓶颈，可以根据实际需要，提升网络带宽。

试题二参考答案

【问题 1】

（1）B　（2）C　（3）D　（4）A

【问题 2】

CPU 的主频与核数设计：低频率高核数，实现资源利用率的最大化。

冗余设计：至少部署 2 台设备，当其中一台设备出现故障时，虚拟机会自动迁移到另外一台设备。

【问题 3】

存储系统的连接方式是 FC-SAN。

从性价比考虑，用选择 SAS 类型磁盘或者 SAS+SSD，混合配置时 SSD 仅配备少量用做高速缓存。原因：

（1）STAT 磁盘的 IOPS 过低，影响虚拟化系统的性能；

（2）SAS 磁盘的 IOPS 较高，价格合适，可以满足虚拟化系统的性能要求；

（3）SSD 磁盘的 IOPS 很高，但价格太贵；

（4）配置少量 SSD 磁盘，作为高速缓存，可提高读数据的缓存命中率。

【问题 4】

优点：

（1）良好的扩展性和可伸缩性；

（2）资源的高利用率；

（3）快速部署和恢复；

（4）集中统一管理；

（5）运维管理便捷高效；

（6）长期运维成本较低。

不足：

（1）初始成本较高；

（2）高端应用处理较差，如 3D 动画、高清视频处理等；

（3）统一管控与使用者方便性要求的矛盾性。

【问题 5】

（5）ABC

（6）AC

试题三（共 25 分）

阅读下列说明，回答问题 1 至问题 4，将解答填入答题纸的对应栏内。

【说明】

某企业网络拓扑如图 3-1 所示，该企业内部署有企业网站 Web 服务器和若干办公终端，Web 服务器（http://www.xxx.com）主要对外提供网站消息发布服务，Web 网站系统采用 JavaEE 开发。

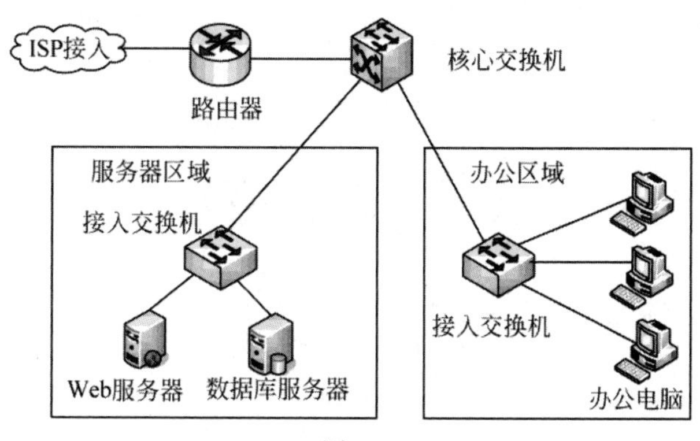

图 3-1

【问题 1】（6 分）

信息系统一般从物理安全、网络安全、主机安全、应用安全、数据安全等层面进行安全设计和防范，其中，“操作系统安全审计策略配置”属于__（1）__安全层面；“防盗防破坏、防火”属于__（2）__安全层面；“系统登录失败处理、最大并发数设置”属于__（3）__安全层面；“入侵防范、访问控制策略配置、防地址欺骗”属于__（4）__安全层面。

【问题 2】（3 分）

为增强安全防范能力，该企业计划购置相关安全防护系统和软件，进行边界防护、Web 安全防护、终端 PC 病毒防范，结合图 3-1 拓扑，购置的安全防护系统和软件应包括：__（5）__、__（6）__、__（7）__。

（5）～（7）备选答案：

A．防火墙　　B．WAF　　C．杀毒软件

D．数据库审计　　E．上网行为检测

【问题 3】（6 分）

2017 年 5 月，Wannacry 蠕虫病毒大面积爆发，很多用户遭受巨大损失。在病毒爆发之初，应采取哪些应对措施？（至少答出三点应对措施）

【问题 4】（10 分）

1. 采用测试软件输入网站 www.xxx.com/index.action，执行 ifconfig 命令，结果如图 3-2 所示。

图 3-2

从图 3-2 可以看出，该网站存在__（8）__漏洞，请针对该漏洞提出相应防范措施。

（8）备选答案：

A．Java 反序列化　B．跨站脚本攻击　C．远程命令执行　D．SQL 注入

2. 通过浏览器访问网站管理系统，输入 www.xxx.com/login?f_page=-->”><svg onload=prompt(/x/)>，结果如图 3-3 所示。

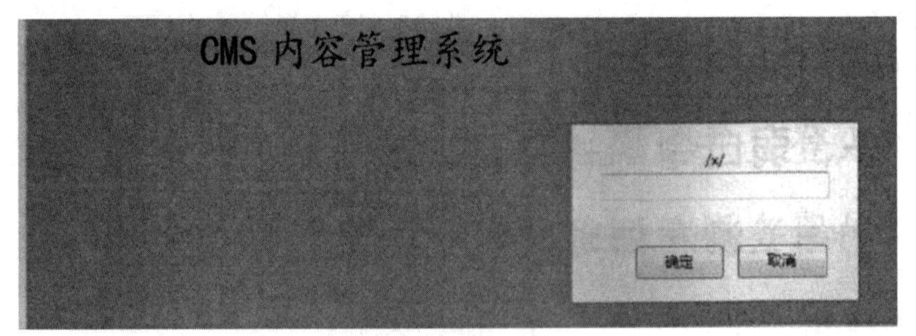

图 3-3

从图 3-3 可以看出，该网站存在__（9）__漏洞，请针对该漏洞提出相应防范措施。

（9）备选答案：

A．Java 反序列化　B．跨站脚本攻击　C．远程命令执行　D．SQL 注入

试题三分析

本题考查信息系统的安全防范设计和安全漏洞处理的相关知识。

此类题目要求考生熟悉网络安全设备，了解常见安全漏洞和攻击，并具备解决问题的能力。要求考生具有信息系统网络安全规划管理和网络攻击防范的实际经验。

【问题 1】

“操作系统安全审计策略配置”属于主机安全层面；“防盗防破坏、防火”属于物理安全层面；“系统登录失败处理、最大并发数设置”属于应用安全层面；“入侵防范、访问控制策略配置、防地址欺骗”属于网络安全层面。

【问题 2】

防火墙一般用于在不同的网络间通过访问规则控制进行网络边界防范；应用防火墙（Web Application Firewall，WAF）一般通过基于 Http/Https 的安全策略进行网站等 Web 应用防护；杀毒软件一般用于终端电脑病毒、木马和恶意软件的查杀和防范。

【问题 3】

Wannacry 蠕虫病毒是一个勒索式病毒软件，利用 Windows 操作系统漏洞进行传播，并且能够自我复制和主动传播。防范措施包括：立即断网进行排查阻止相互感染，下载并更新微软发布的漏洞补丁，终端电脑关闭 445 端口或者核心网络设备禁止 445 端口通信，备份重要资料，安装杀毒软件，加强网络安全防护等；如果发现有电脑已经中病毒，应立即隔离。

【问题 4】

1. 从图 3-2 可知，该网站可以使用工具远程执行 ifconfig 命令，说明存在远程命令执行漏洞，漏洞编号为：S2-45 说明为 Struts2 的漏洞。应该立即升级漏洞补丁或者升级 Struts2 版本，并部署 Web 安全防护系统，对该网站进行安全防护。

2. 从图 3-3 可知，该网站可以通过 URL 地址进行 JS 脚本注入攻击，说明存在跨站脚本攻击漏洞。应该对 URL 地址和 input 框等用户输入进行过滤，并部署 Web 安全防护系统，对该网站进行安全防护。

试题三参考答案

【问题 1】

（1）主机（2）物理（3）应用（4）网络

【问题 2】

（5）A　（6）B　（7）C（不分先后顺序）

【问题 3】

（a）立即断网排查

（b）升级操作系统补丁程序

（c）修复漏洞

（d）关闭 445 端口

（e）隔离已感染主机的网络连接

（f）备份重要文件

（g）安装杀毒软件

（h）加强网络层防护

【问题 4】

1.（8）C

防范措施：

（1）升级漏洞补丁；

（2）升级 Struts2 版本；

（3）部署能够防范远程命令执行攻击的 Web 防护系统。

2.（9）B

防范措施：

（1）对用户输入严格过滤；

（2）部署能够防范 XSS 的 Web 防护系统。

第3章　2017下半年网络规划设计师下午试题II写作要点

从下列的2道试题（试题一至试题二）中任选1道解答。请在答题纸上的指定位置处将所选择试题的题号框涂黑。若多涂或者未涂题号框，则对题号最小的一道试题进行评分。

试题一　论网络规划与设计中的光纤传输技术

光纤已广泛应用于家庭智能化、办公自动化、工控网络、车载机载和军事通信网等领域。目前，随着光纤在生产和施工中有了很大的提升，价格也降低了很多，光纤以其卓越的传输性能，成为有线传输中的主要传输模式。

请围绕“论网络规划与设计中的光纤传输技术”论题，依次对以下三个方面进行论述。

1. 简要论述目前网络光纤传输技术，包括主流的技术及标准、光无源器件、光有源器件、网络拓扑结构、通信链路与连接、传输速率与成本等。

2. 详细叙述你参与设计和实施的网络规划与设计项目中采用的光纤传输方案，包括项目中的网络拓扑、主要应用的传输性能指标要求、选用的光纤技术、工程的预算与造价等。

3. 分析和评估你所实施的网络项目中光纤传输的性能、光纤成本计算以及遇到的问题和相应的解决方案。

写作要点：

1. 简述光纤技术的传输特点，光纤传输的种类、光无源器件、光有源器件等。
2. 叙述你参与设计和实施的网络规划与设计项目。
- 网络拓扑与网络设备；
- 所采用的传输介质、光纤种类、连接的设备、接头、布线等；
- 光纤造价成本等。
3. 具体讨论光纤传输中的关键技术和解决方案。
- 光纤传输的性能与比较；
- 敷设过程中遇到的难题；
- 解决的方法。

试题二　论网络存储技术与应用

随着互联网及其各种应用的飞速发展，网络信息资源呈现出爆炸性增长的趋势，对数据进行高效率的存储、管理和使用成为信息发展的需求。网络存储就是一种利于信息整合与数据共享，易于管理的、安全的存储结构和技术，将网络带入了以数据为中心的时代。

请围绕“论网络存储技术与应用”论题，依次对以下三个方面进行论述。

1. 简要论述目前网络存储技术，包括主流的技术分类及标准、网络拓扑结构、服务器架设、通信链路与连接、软硬件配置与设备等。

2. 详细叙述你参与设计和实施的大中型网络项目中采用的网络存储方案，包括选用的技术、基础建设的要求、数据交换与负载均衡等。

3. 分析和评估你所实施的网络存储项目的效果、瓶颈以及相关的改进措施。

写作要点：

1. 概述主流的网络存储方式及标准，NAS，SAN 等。

2. 网络项目中采用的网络存储方案。

- 需求；
- 技术与标准；
- 服务器；
- 通信线路、连接方式；
- 数据交换；
- 负载均衡。

3. 存储方案的效果以及相关的改进措施。

- 网络存储项目的效果；
- 该存储方案的瓶颈；
- 相关的改进措施。

第4章　2018下半年网络规划设计师上午试题分析与解答

试题（1）

在磁盘调度管理中，应先进行移臂调度，再进行旋转调度。假设磁盘移动臂位于21号柱面上，进程的请求序列如下表所示。如果采用最短移臂调度算法，那么系统的响应序列应为__（1）__。

请求序列	柱面号	磁头号	扇区号
①	17	8	9
②	23	6	3
③	23	9	6
④	32	10	5
⑤	17	8	4
⑥	32	3	10
⑦	17	7	9
⑧	23	10	4
⑨	38	10	8

（1）A．②⑧③④⑤①⑦⑥⑨　　B．②③⑧④⑥⑨①⑤⑦

C．①②③④⑤⑥⑦⑧⑨　　D．②⑧③⑤⑦①④⑥⑨

试题（1）分析

当进程请求读磁盘时，操作系统先进行移臂调度，再进行旋转调度。由于移动臂位于21号柱面上，按照最短寻道时间优先的响应柱面序列为23→17→32→38。按照旋转调度的原则分析如下：

进程在23号柱面上的响应序列为②→⑧→③，因为进程访问的是不同磁道上的不同编号的扇区，旋转调度总是让首先到达读写磁头位置下的扇区先进行传送操作。

进程在17号柱面上的响应序列为⑤→⑦→①，或⑤→①→⑦。对于①和⑦可以任选一个进行读写，因为进程访问的是不同磁道上具有相同编号的扇区，旋转调度可以任选一个读写磁头位置下的扇区进行传送操作。

进程在32号柱面上的响应序列为④→⑥；由于⑨在38号柱面上，故最后响应。

从上分析可以得出按照最短寻道时间优先的响应序列为②⑧③⑤⑦①④⑥⑨。

参考答案

（1）D

试题（2）

某文件系统采用多级索引结构，若磁盘块的大小为4KB，每个块号需占4B，那么采用二级索引结构时的文件最大长度可占用__（2）__个物理块。

（2）A．1024　　B．1024×1024　　C．2048×2048　　D．4096×4096

试题（2）分析

本题考查操作系统中文件管理的基本知识。

根据题意，磁盘块的大小为 4KB，每个块号需占 4B，因此一个磁盘物理块可存放 4096/4=1024 个物理块地址，即采用一级索引时的文件最大长度可有 1024 个物理块。

采用二级索引时的文件最大长度可有：1024×1024=1 048 576 个物理块。

参考答案

（2）B

试题（3）

CPU 的频率有主频、倍频和外频。某处理器外频是 200MHz，倍频是 13，该款处理器的主频是__（3）__。

（3）A．2.6GHz　　B．1300MHz　　C．15.38Mhz　　D．200MHz

试题（3）分析

在计算机中，处理器的运算主要依赖于晶振芯片给 CPU 提供的脉冲频率，处理器的运算速度也依赖于这个晶振芯片。通常 CPU 的频率分为主频、倍频和外频。

主频是指 CPU 内部的时钟频率，是 CPU 运算时的工作频率。

外频是指 CPU 与周边设备传输数据的频率，具体是指 CPU 到芯片组之间的总线速度。

倍频是指 CPU 频率和系统总线频率之间相差的倍数，CPU 速度可以通过倍频来无限提升。

三者之间的计算公式：主频=外频×倍频

显然，该款处理器的主频：200MHz×13 = 2600 MHz = 2.6GHz。

参考答案

（3）A

试题（4）、（5）

为了优化系统的性能，有时需要对系统进行调整。对于不同的系统，其调整参数也不尽相同。例如，对于数据库系统，主要包括 CPU/内存使用状况、__（4）__、进程/线程使用状态、日志文件大小等。对于应用系统，主要包括应用系统的可用性、响应时间、__（5）__、特定应用资源占用等。

（4）A．数据丢包率　　B．端口吞吐量
　　C．数据处理速率　　D．查询语句性能

（5）A．并发用户数　　B．支持协议和标准
　　C．最大连接数　　D．时延抖动

试题（4）、（5）分析

本题考查系统性能方面的基础知识。

为了优化系统的性能，有时需要对系统进行调整。对于不同类型的系统，其调整参数也不尽相同。例如，对于数据库系统，主要包括 CPU/内存使用状况、SQL 查询语句性能、进程/线程使用状态、日志文件大小等。对于一般的应用系统，主要关注系统的可用性、响应时间、系统吞吐量等指标，具体主要包括应用系统的可用性、响应时间、并发用户数、特定应用资源占用等。

参考答案

（4）D　（5）A

试题（6）

软件重用是使用已有的软件设计来开发新的软件系统的过程，软件重用可以分为垂直式重用和水平式重用。__（6）__是一种典型的水平式重用。

（6）A．医学词汇表　　B．标准函数库
　　C．电子商务标准　　D．网银支付接口

试题（6）分析

本题考查软件设计方法的基础知识。

软件重用是指在两次或多次不同的软件开发过程中重复使用相同或相似软件元素的过程。软件元素包括需求分析文档、设计过程、设计文档、程序代码、测试用例和领域知识等。按照重用活动是否跨越相似性较少的多个应用领域，软件重用可区别为水平式（横向）重用和垂直式（纵向）重用。水平式重用是指重用不同领域中的软件元素，例如数据结构、分类算法和人机界面构件等。标准函数库是一种典型的、原始的横向重用机制。

参考答案

（6）B

试题（7）

构件组装成软件系统的过程可以分为三个不同的层次：__（7）__。

（7）A．初始化、互连和集成　　B．连接、集成和演化
　　C．定制、集成和扩展　　D．集成、扩展和演化

试题（7）分析

本题考查基于构件开发的基础知识。

软件系统通过构件组装分为三个不同的层次：定制（customization）、集成（integration）和扩展（extension）。这三个层次对应于构件组装过程中的不同任务。

参考答案

（7）C

试题（8）、（9）

软件测试一般分为两个大类：动态测试和静态测试。前者通过运行程序发现错误，包括__（8）__等方法；后者采用人工和计算机辅助静态分析的手段对程序进行检测，包括__（9）__等方法。

（8）A．边界值分析、逻辑覆盖、基本路径　　B．桌面检查、逻辑覆盖、错误推测
　　C．桌面检查、代码审查、代码走查　　D．错误推测、代码审查、基本路径

（9）A．边界值分析、逻辑覆盖、基本路径　　B．桌面检查、逻辑覆盖、错误推测
　　C．桌面检查、代码审查、代码走查　　D．错误推测、代码审查、基本路径

试题（8）、（9）分析

本题考查软件测试的基础知识。

软件测试一般分为两个大类：动态测试和静态测试。动态测试是指通过运行程序发现错

误，包括黑盒测试法（等价类划分、边界值分析、错误推测、因果图）、白盒测试法（逻辑覆盖、循环覆盖、基本路径法）和灰盒测试法等。静态测试是采用人工和计算机辅助静态分析的手段对程序进行检测，包括桌前检查、代码审查和代码走查。

参考答案

（8）A　（9）C

试题（10）

某软件程序员接受 X 公司（软件著作权人）委托开发一个软件，三个月后又接受 Y 公司委托开发功能类似的软件，该程序员仅将受 X 公司委托开发的软件略作修改即完成提交给 Y 公司，此种行为＿（10）＿。

（10）A．属于开发者的特权　　B．属于正常使用著作权

C．不构成侵权　　D．构成侵权

试题（10）分析

本题考查知识产权。

软件著作权人享有发表权、署名权、修改权、复制权、发行权、出租权、信息网络传播权、翻译权和应当由软件著作权人享有的其他权利。题中的软件程序员虽然是该软件的开发者，但不是软件著作权人，其行为构成侵犯软件著作权人的权利。

参考答案

（10）D

试题（11）

若信息码字为 111000110，生成多项式 $G(x)=x^5+x^3+x+1$，则计算出的 CRC 校验码为＿（11）＿。

（11）A．01101　　B．11001　　C．001101　　D．011001

试题（11）分析

本题考查 CRC 校验计算相关知识。

CRC 检验码的计算过程如下：

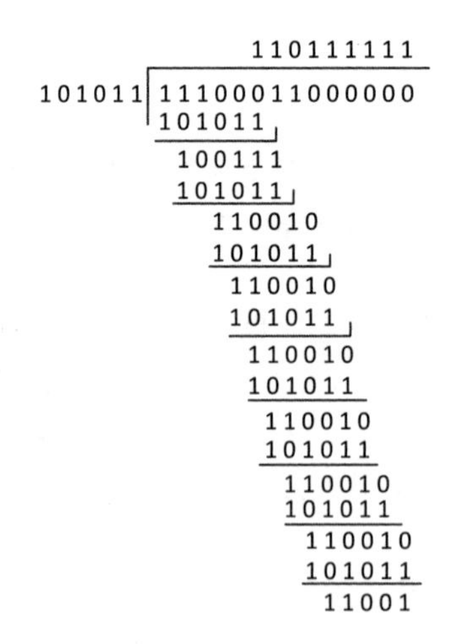

参考答案

（11）B

试题（12）

关于 HDLC 协议的帧顺序控制，下列说法中正确的是__（12）__。

（12）A．只有信息帧（I）可以发送数据

B．信息帧（I）和管理帧（S）的控制字段都包含发送顺序号和接收序列号

C．如果信息帧（I）的控制字段是 8 位，则发送顺序号的取值范围是 0～7

D．发送器每收到一个确认帧，就把窗口向前滑动一格

试题（12）分析

本题考查 HDLC 协议的相关知识。

HDLC 有三种类型的帧：信息帧（I）、管理帧（S）和无编号帧（U）。信息帧和管理帧可以发送数据，无编号帧可发送一些控制信息数据。信息帧的控制字段包含发送顺序号和接收序列号，管理帧的控制字段只包含接收序列号（即确认号）；如果信息帧（I）的控制字段是 8 位，则其发送序列号为 3 位，因此发送顺序号的取值范围是 0～7；发送器每收到一个确认帧，依据其中的接收帧编号来确定把窗口向前滑动几格。

参考答案

（12）C

试题（13）

下图中 12 位差分曼彻斯特编码的信号波形表示的数据是__（13）__。

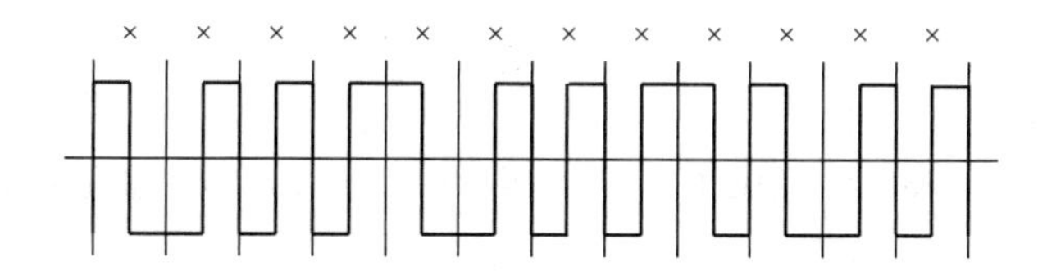

（13）A．001100110101　　B．010011001010

C．100010001100　　D．011101110011

试题（13）分析

本题考查差分曼彻斯特编码相关知识。

差分曼彻斯特编码比特中间的跳变仅作为同步时钟，看比特前沿是否有跳变来表示数据。

参考答案

（13）B

试题（14）

100BASE-X 采用的编码技术为 4B/5B 编码，这是一种两级编码方案，首先要把 4 位分为一组的代码变换成 5 单位的代码，再把数据变成__（14）__编码。

（14）A．NRZ-I　　B．AMI　　C．QAM　　D．PCM

试题（14）分析

本题考查 100BASE-X 编码相关知识。

100BASE-X 采用的编码技术为 4B/5B 编码，这是一种两级编码方案，首先要把 4 位分为一组的代码变换成 5 单位的代码，再把数据变成 NRZ-I 编码。

参考答案

（14）A

试题（15）

在异步通信中，每个字符包含 1 位起始位、7 位数据位、1 位奇偶位和 2 位终止位，每秒钟传送 200 个字符，采用 QPSK 调制，则码元速率为__（15）__波特。

（15）A．500　　B．550　　C．1100　　D．2200

试题（15）分析

本题考查异步通信相关知识。

在题干描述的异步通信方案中，传送 1 个字符需 11bit，每秒传送 200 字符为 2200bit，采用 QPSK 调制，每个码元表示 2bit，故码元速率为 1100 波特。

参考答案

（15）C

试题（16）

通过 HFC 接入 Internet，用户端通过__（16）__连接因特网。

（16）A．ADSL Modem　　B．Cable Modem
　　C．IP Router　　D．HUB

试题（16）分析

本题考查接入网相关知识。

通过 HFC 接入 Internet 时使用电视网络，其中用户端必须安装 Cable Modem 连接因特网。

参考答案

（16）B

试题（17）

若采用后退 N 帧 ARQ 协议进行流量控制，帧编号字段为 7 位，则发送窗口最大长度为__（17）__。

（17）A．7　　B．8　　C．127　　D．128

试题（17）分析

本题考查差错控制技术相关知识。

差错控制技术包括停等、后退 N 帧以及选择性重传三种。若采用后退 N 帧 ARQ 协议进行流量控制，帧编号字段为 7 位，则发送窗口最大长度为 127。

参考答案

（17）C

试题（18）

在局域网中仅某台主机上无法访问域名为 www.ccc.com 的网站（其他主机访问正常），

在该主机上执行 ping 命令时有显示信息如下：

```
C:\>ping www.ccc.com
Pinging www.ccc.com [202.117.112.36] with 32 bytes of data:
Reply from202.117.112.36: Destination net unreachable.
Reply from 202.117.112.36: Destination net unreachable.
Reply from 202.117.112.36: Destination net unreachable.
Reply from202.117.112.36: Destination net unreachable.

Ping statistics for 202.117.112.36:
    Packets: Sent = 4, Received = 4, Lost = 0 (0% loss),
Approximate round trip times in milli-seconds:
Minimum = 0ms, Maximum = 0ms, Average = 0ms
```

分析以上信息，该机不能正常访问的可能原因是__（18）__。

（18）A．该主机的 TCP/IP 协议配置错误

B．该主机设置的 DNS 服务器工作不正常

C．该主机遭受 ARP 攻击导致网关地址错误

D．该主机所在网络或网站所在网络中配置了 ACL 拦截规则

试题（18）分析

本题考查网络故障解决方法。

协议配置错误、DNS 故障和 ARP 攻击均不能获得 IP 地址，是防火墙设置了 ACL 过滤。

参考答案

（18）D

试题（19）

以下关于网络冗余设计的叙述中，错误的是__（19）__。

（19）A．网络冗余设计避免网络组件单点失效造成应用失效

B．备用路径提高了网络的可用性，分担了主路径部分流量

C．负载分担是通过并行链路提供流量分担

D．网络中存在备用路径、备用链路时，通常加入负载分担设计

试题（19）分析

本题考查网络冗余设计相关知识。

备用路径提高了网络的可用性，但是分担不了主路径流量，只有当主路径失效时才启用。

参考答案

（19）B

试题（20）

在客户机上运行 nslookup 查询某服务器名称时能解析出 IP 地址，查询 IP 地址时却不能解析出服务器名称，解决这一问题的方法是__（20）__。

（20）A．清除 DNS 缓存　　B．刷新 DNS 缓存

C．为该服务器创建 PTR 记录　　D．重启 DNS 服务

试题（20）分析

本题考查域名解析服务器的配置相关知识。

当给出某服务器名称时能解析出 IP 地址，查询 IP 地址时却不能解析出服务器名称时，表明域名服务器中没有为该服务器配置反向查询功能，解决办法是为该服务器创建PTR 记录。

参考答案

（20）C

试题（21）

在 DHCP 服务器设计过程中，不同的主机划分为不同的类别进行管理，下面划分中合理的是＿（21）＿。

（21）A．移动用户采用保留地址　　B．服务器可以采用保留地址
C．服务器划分到租约期最短的类别　　D．固定用户划分到租约期较短的类别

试题（21）分析

本题考查 DHCP 服务器的配置相关知识。

不同类别的 IP 地址分配需要考虑不同的服务。移动用户的不固定性通常需要采用动态分配地址；服务器通常采用保留地址，租约期较长；固定用户租约期较长。

参考答案

（21）B

试题（22）

IP 数据报首部中 IHL（Internet 首部长度）字段的最小值为＿（22）＿。

（22）A．5　　B．20　　C．32　　D．128

试题（22）分析

本题考查 IP 数据报首部格式。

IP 数据报首部中 IHL（Internet 首部长度）字段的作用是记录 IP 首部的长度，以 4 字节为单位。IP 数据报首部的最小长度为 20 字节，因此 IHL 最小值为 5。

参考答案

（22）A

试题（23）

若有带外数据需要传送，TCP 报文中＿（23）＿标志字段置“1”。

（23）A．PSH　　B．FIN　　C．URG　　D．ACK

试题（23）分析

本题考查 TCP 报文首部格式。

若有带外数据需要传送，TCP 报文中 URG 标志字段置“1”。

参考答案

（23）C

试题（24）

如果发送给 DHCP 客户端的地址已经被其他 DHCP 客户端使用，客户端会向服务器发

送＿（24）＿信息包拒绝接收已经分配的地址信息。

（24）A．DhcpAck　　B．DhcpOffer　　C．DhcpDecline　　D．DhcpNack

试题（24）分析

本题考查 DHCP 工作过程。

DHCP 客户端接收到服务器的 DhcpOffer 后，需要请求地址时发送 DhcpRequest 报文，如果服务器同意则发送 DhcpAck，否则发送 DhcpNack；当客户方接收到服务器的 DhcpAck 报文后，如果发现提供的地址有问题，发送 DhcpDecline 拒绝该地址。

参考答案

（24）C

试题（25）、（26）

地址 202.118.37.192/26 是＿（25）＿，地址 192.117.17.255/22 是＿（26）＿。

（25）A．网络地址　　B．组播地址
　　　C．主机地址　　D．定向广播地址

（26）A．网络地址　　B．组播地址
　　　C．主机地址　　D．定向广播地址

试题（25）、（26）分析

本题考查 IP 地址设计。

地址 202.118.37.192/26 的最后一个字节展开为 **11**000000（前 2 比特为网络前缀），故其为网络地址。192.117.17.255/22 第 3 个字节展开为 **000100**01（前 6 比特为网络前缀），故其为主机地址。

参考答案

（25）A　（26）C

试题（27）、（28）

将地址块 192.168.0.0/24 按照可变长子网掩码的思想进行子网划分，若各部门可用主机地址需求如下表所示，则共有＿（27）＿种划分方案，部门 3 的掩码长度为＿（28）＿。

部门	所需地址总数
部门 1	100
部门 2	50
部门 3	16
部门 4	10
部门 5	8

（27）A．4　　B．8　　C．16　　D．32

（28）A．25　　B．26　　C．27　　D．28

试题（27）、（28）分析

本题考查 IP 地址设计。

可变长子网掩码的思想是将网络地址空间按照用户需求进行划分，子网大小不同。方案数为 2^4=16 种，部门 3 的掩码长度为 27。

参考答案

（27）C　（28）C

试题（29）

若一个组播组包含 6 个成员，组播服务器所在网络有 2 个路由器，当组播服务器发送信息时需要发出＿（29）＿个分组。

（29）A．1　　B．2　　C．3　　D．6

试题（29）分析

本题考查组播的思想。

组播服务器只需向网络中发送 1 个分组。

参考答案

（29）A

试题（30）

在 BGP4 协议中，当出现故障时采用＿（30）＿报文发送给邻居。

（30）A．trap　　B．update　　C．keepalive　　D．notification

试题（30）分析

本题考查 BGP4 协议。

keepalive 报文告知邻居本路由器还在工作；update 是路由更新通知邻居，notification 是出现故障时通知对方。

参考答案

（30）D

试题（31）

下列 DNS 查询过程中，合理的是＿（31）＿。

（31）A．本地域名服务器把转发域名服务器地址发送给客户机
B．本地域名服务器把查询请求发送给转发域名服务器
C．根域名服务器把查询结果直接发送给客户机
D．客户端把查询请求发送给中介域名服务器

试题（31）分析

本题考查域名服务的解析过程。

本地域名服务器通常会配置成递归模式，即向转发域名服务器发送请求，获取结果再返回给查询者；根域名服务器把查询结果发送给主域名服务器，主域名服务器再发送给客户机；本地域名服务器把查询请求发送给中介域名服务器。

参考答案

（31）B

试题（32）、（33）

下列路由记录中最可靠的是＿（32）＿，最不可靠的是＿（33）＿。

（32）A．直连路由　　B．静态路由　　C．外部 BGP　　D．OSPF

（33）A．直连路由　　B．静态路由　　C．外部 BGP　　D．OSPF

试题（32）、（33）分析

本题考查路由记录的可靠程度。

路由记录的可靠程度是根据路由记录的管理距离来决定的。各种路由来源的管理距离为：

- 直连路由　0
- 静态路由　1
- EIGRP 汇总路由　5
- 外部 BGP　20
- 内部 EIGRP　90
- IGRP　100
- OSPF　110
- IS-IS　115
- RIP　120
- EGP　140
- ODR（按需路由）　160
- 外部 EIGRP　170
- 内部 BGP　200
- 未知　255

直连路由管理距离为 0，最可靠；OSPF 管理距离为 110，最不可靠。

参考答案

（32）A　（33）D

试题（34）

下图所示的 OSPF 网络由 3 个区域组成。以下说法中正确的是 （34） 。

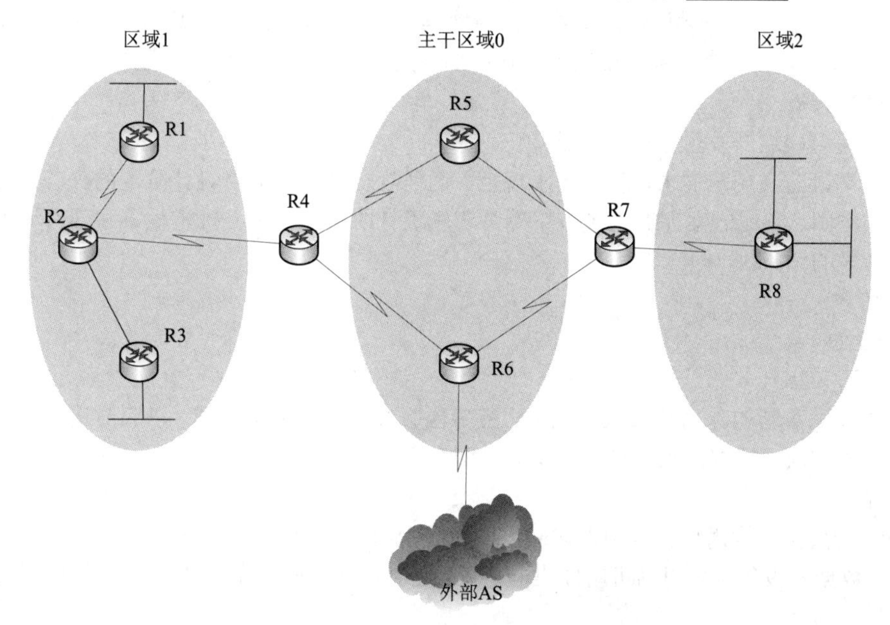

（34）A．R1 为主干路由器　　B．R6 为区域边界路由器（ABR）
C．R7 为自治系统边界路由器（ASBR）　　D．R3 为内部路由器

试题（34）分析

本题考查 OSPF 网络中各种路由器角色。

R1、R3 为区域内部路由器；R6 是主干路由器，R6 连接外部 AS，所以它也是自治系统边界路由器；R7 属于区域边界路由器。

参考答案

（34）D

试题（35）

DNS 服务器中提供了多种资源记录，其中定义区域授权域名服务器的是＿（35）＿。

（35）A．SOA　　B．NS　　C．PTR　　D．MX

试题（35）分析

本题考查 DNS 服务器的资源记录。

记录 SOA 指明区域主域名服务器；NS 指明区域授权域名服务器；PTR 为反向查询资源记录；MX 指明区域 SMTP 服务器。

参考答案

（35）B

试题（36）

网络开发过程包括需求分析、通信规范分析、逻辑网络设计、物理网络设计、安装和维护等五个阶段。以下关于网络开发过程的叙述中，正确的是＿（36）＿。

（36）A．需求分析阶段应尽量明确定义用户需求，输出需求规范、通信规范
B．逻辑网络设计阶段设计人员一般更加关注于网络层的连接图
C．物理网络设计阶段要输出网络物理结构图、布线方案、IP 地址方案等
D．安装和维护阶段要确定设备和部件清单、安装测试计划，进行安装调试

试题（36）分析

本题考查网络开发生命周期基础知识。

尽量明确定义用户需求，输出需求规范、通信规范是逻辑网络设计阶段的任务；输出网络物理结构图、布线方案、IP 地址方案等是逻辑设计阶段的任务；确定设备和部件清单是物理设计阶段的任务。

参考答案

（36）B

试题（37）、（38）

某高校欲重新构建高校选课系统，配备多台服务器部署选课系统，以应对选课高峰期的大规模并发访问。根据需求，公司给出如下两套方案：

方案一：

（1）配置负载均衡设备，根据访问量实现多台服务器间的负载均衡；

（2）数据库服务器采用高可用性集群系统，使用 SQL Server 数据库，采用单活工作模式。

方案二：

（1）通过软件方式实现支持负载均衡的网络地址转换，根据对各个内部服务器的 CPU、磁盘 I/O 或网络 I/O 等多种资源的实时监控，将外部 IP 地址映射为多个内部 IP 地址；

（2）数据库服务器采用高可用性集群系统，使用 Oracle 数据库，采用双活工作模式。

对比方案一和方案二中的服务器负载均衡策略，下列描述中错误的是__（37）__。

两个方案都采用了高可用性集群系统，对比单活和双活两种工作模式，下列描述中错误的是__（38）__。

（37）A．方案一中对外公开的 IP 地址是负载均衡设备的 IP 地址

B．方案二中对每次 TCP 连接请求动态使用一个内部 IP 地址进行响应

C．方案一可以保证各个内部服务器间的 CPU、I/O 的负载均衡

D．方案二的负载均衡策略使得服务器的资源分配更加合理

（38）A．单活工作模式中一台服务器处于活跃状态，另外一台处于热备状态

B．单活工作模式下热备服务器不需要监控活跃服务器并实现数据同步

C．双活工作模式中两台服务器都处于活跃状态

D．数据库应用一级的高可用性集群可以实现单活或双活工作模式

试题（37）、（38）分析

本题考查网络规划设计相关知识。

方案一中数据库服务器采用单活工作模式，难以实现负载均衡。单活工作模式中一台服务器处于活跃状态，另外一台处于热备状态，热备服务器需要监控活跃服务器并实现数据同步。双活工作模式中两台服务器都处于活跃状态，高可用性集群可以实现单活或双活工作模式。

参考答案

（37）C　（38）B

试题（39）～（41）

某高校实验室拥有一间 100 平方米的办公室，里面设置了 36 个工位，用于安置本实验室的 36 名研究生。根据该实验室当前项目情况，划分成了 3 个项目组，36 个工位也按照区域聚集原则划分出 3 个区域。该实验室采购了一台具有 VLAN 功能的两层交换机，用于搭建实验室有线局域网，实现三个项目组的网络隔离。初期考虑到项目组位置固定且有一定的人员流动，搭建实验室局域网时宜采用的 VLAN 划分方法是__（39）__。

随着项目进展及人员流动加剧，项目组区域已经不再适合基于区域聚集原则进行划分，而且项目组长或负责人也需要能够同时加入到不同的 VLAN 中。此时宜采用的 VLAN 划分方法是__（40）__。

在项目后期阶段，三个项目组需要进行联合调试，因此需要实现三个 VLAN 间的互联互通。目前有两种方案：

方案一：采用独立路由器方式，保留两层交换机，增加一个路由器。

方案二：采用三层交换机方式，用带 VLAN 功能的三层交换机替换原来的两层交换机。

与方案一相比，下列叙述中不属于方案二优点的是__（41）__。

（39）A．基于端口　　B．基于 MAC 地址
C．基于网络地址　　D．基于 IP 组播

（40）A．基于端口　　B．基于 MAC 地址
C．基于网络地址　　D．基于 IP 组播

（41）A．VLAN 间数据帧要被解封成 IP 包再进行传递
B．三层交换机具有路由功能，可以直接实现多个 VLAN 之间的通信
C．不需要对所有的 VLAN 数据包进行解封、重新封装操作
D．三层交换机实现 VLAN 间通信是局域网设计的常用方法

试题（39）～（41）分析

本题考查网络规划设计相关知识。

VLAN 划分方法有静态和动态划分。由于项目组位置固定且有一定的人员流动，搭建实验室局域网时宜采用基于端口的 VLAN 划分方法，这样人员流动时角色不动；项目组长或负责人也需要同时加入到不同的 VLAN 中，所以此时宜采用基于 MAC 地址的 VLAN 划分方法，这是由于负责人 MAC 固定；三层交换机实现 VLAN 间通信是局域网设计的常用方法，因为三层交换机具有路由功能，可以直接实现多个 VLAN 之间的通信，不需要对所有的 VLAN 数据包进行解封、重新封装操作。

参考答案

（39）A　（40）B　（41）A

试题（42）

用户 A 在 CA 申请了自己的数字证书 I，下面的描述中正确的是＿（42）＿。

（42）A．证书 I 中包含了 A 的私钥，CA 使用公钥对证书 I 进行了签名
B．证书 I 中包含了 A 的公钥，CA 使用私钥对证书 I 进行了签名
C．证书 I 中包含了 A 的私钥，CA 使用私钥对证书 I 进行了签名
D．证书 I 中包含了 A 的公钥，CA 使用公钥对证书 I 进行了签名

试题（42）分析

本题考查 CA 数字证书的相关知识。

数字证书是各类终端实体和最终用户在网上进行信息交流及商务活动的身份证明。用户的数字证书是由某个可信的证书认证机构（Certification Authority，CA）建立，并由 CA 将其放入公共目录中，以供其他用户访问。

根据 X.509 标准，数字证书的一般格式包含的数据域如下：

（1）版本号：用于区分 X.509 的不同版本；

（2）序列号：由同意发行者（CA）发放的每一个证书都有的唯一序列号；

（3）签名算法：签署证书所用的算法及参数；

（4）发行者：建立和签署证书的 CA 的 X.509 的名字；

（5）有效期：包括证书有效期的起始时间和终止时间；

（6）主体名：证书持有者的名称及有关信息；

（7）公钥：有效的公钥以及其使用方法；

（8）发行者 ID：任选的名字，唯一标识证书的发行者；

（9）主题 ID：任选的名字，唯一标识证书的持有者；

（10）扩展域：添加的扩充信息；

（11）认证机构的签名：用 CA 私钥对证书的签名。

参考答案

（42）B

试题（43）、（44）

数字签名首先需要生成消息摘要，然后发送方用自己的私钥对报文摘要进行加密，接收方用发送方的公钥验证真伪。生成消息摘要的目的是__（43）__，对摘要进行加密的目的是__（44）__。

（43）A．防止窃听　　B．防止抵赖　　C．防止篡改　　D．防止重放

（44）A．防止窃听　　B．防止抵赖　　C．防止篡改　　D．防止重放

试题（43）、（44）分析

本题考查消息摘要的基础知识。

消息摘要是原报文唯一的压缩表示，代表了原来报文的特征，所以也称作数字指纹。消息摘要算法主要应用在“数字签名”领域，作为对明文的摘要算法。著名的摘要算法有 RSA 公司的 MD5 算法和 SHA-1 算法及其大量的变体。

消息摘要算法存在以下特点：

①消息摘要算法是将任意长度的输入，产生固定长度的伪随机输出的算法，例如应用 MD5 算法摘要的消息长度为 128 位，SHA-1 算法摘要的消息长度为 160 位，SHA-1 的变体可以产生 192 位和 256 位的消息摘要。

②消息摘要算法针对不同的输入会产生不同的输出，用相同的算法对相同的消息求两次摘要，其结果是相同的。因此消息摘要算法是一种“伪随机”算法。

③输入不同，其摘要消息也必不相同；但相同的输入必会产生相同的输出。即使两条相似消息的摘要也会大相径庭。

④消息摘要函数是无陷门的单向函数，即只能进行正向的信息摘要，而无法从摘要中恢复出任何的消息。

根据以上特点，消息摘要的目的是防止其他用户篡改原消息，而使用发送放自己的私钥对消息摘要进行加密的作用是防止发送方抵赖。

参考答案

（43）C　（44）B

试题（45）

下面关于第三方认证服务说法中，正确的是__（45）__。

（45）A．Kerberos 采用单钥体制

B．Kerberos 的中文全称是“公钥基础设施”

C．Kerberos 认证服务中保存数字证书的服务器叫 CA

D．Kerberos 认证服务中用户首先向 CA 申请初始票据

试题（45）分析

本题考查第三方认证的基础知识。

Kerberos 是一项认证服务，它要解决的问题是在公开的分布式环境中，工作站上的用户希望访问分布在网络上的服务器，希望服务器能限制授权用户的访问，并能对服务请求进行认证。

认证中心（Certification Authority，CA）是用户数字证书发放机构。它与 Kerberos 认证不存在相互依赖关系。而 PKI（Public Key Infrastructure）公钥基础设施是运用公钥的概念和技术来提供安全服务的，普遍使用的网络安全基础设施，包括 PKI 策略、软/硬件系统、认证中心、注册机构、证书签发系统和 PKI 应用等构成的安全体系。

参考答案

（45）A

试题（46）、（47）

SSL 的子协议主要有记录协议、＿（46）＿，其中＿（47）＿用于产生会话状态的密码参数，协商加密算法及密钥等。

（46）A．AH 协议和 ESP 协议　　B．AH 协议和握手协议
　　　C．警告协议和握手协议　　D．警告协议和 ESP 协议

（47）A．AH 协议　　B．握手协议
　　　C．警告协议　　D．ESP 协议

试题（46）、（47）分析

本题考查网络安全协议的基础知识。

安全套接层协议（Secure Socket Layer，SSL）是 Netscape 于 1994 年开发的传输层安全协议，用于实现 Web 安全通信。其基本目标是实现两个应用实体之间安全可靠的通信。SSL 协议分为两层，底层是 SSL 记录协议，运行在传输层协议 TCP 之上，用于封装各种上层协议。一种被封装的上层协议是 SSL 握手协议，由服务器和客户端用来进行身份认证，并且协商通信过程中所使用的加密算法和密钥。

参考答案

（46）C　（47）B

试题（48）

在进行 POE 链路预算时，已知光纤线路长 5km，下行衰减 0.3dB/km；热熔连接点 3 个，衰减 0.1dB/个；分光比 1∶8；衰减 10.3dB；光纤长度冗余衰减 1dB 。下行链路衰减的值是＿（48）＿。

（48）A．11.7 dB　　B．13.1 dB　　C．12.1　　D．10.7

试题（48）分析

本题考查 POE 方面的基础知识。

光纤损耗的理论计算公式为光纤类型×千米数+热熔点衰减×个数+长度冗余衰减+设备衰减。

参考答案

（48）B

试题（49）

路由器收到包含如下属性的两条 BGP 路由，根据 BGP 选路规则，<u>（49）</u>。

Network	NextHop	MED	LocPrf	PrefVal	Path/Ogn
M　192.168.1.010.1.1.1	30	0			100i
N　192.168.1.010.1.1.2	20	0			100 200i

（49）A．最优路由 M，其 AS-Path 比 N 短

B．最优路由 N，其 MED 比 M 小

C．最优路由随机确定

D．local-preference 值为空，无法比较

试题（49）分析

本题考查路由协议方面的基础知识。

BGP（边界网关协议）是自治系统外部路由，采用距离向量路由选择，是唯一能够妥善处理好不相关路由域间的多路连接协议。BGP 选路规则主要有首选值 PrefVal 值高优先、local-pref 本地首选项大值优先、本地始发路由优先、as-path 长度短者优先等。

参考答案

（49）A

试题（50）

在 Windows Server 2008 系统中，某共享文件夹的 NTFS 权限和共享文件权限设置的不一致，则对于访问该文件夹的用户而言，下列<u>（50）</u>有效。

（50）A．共享文件夹权限

B．共享文件夹的 NTFS 权限

C．共享文件夹权限和共享文件夹的 NTFS 权限累加

D．共享文件夹权限和共享文件夹的 NTFS 权限中更小的权限

试题（50）分析

本题考查文件权限方面的基础知识。

共享权限是基于文件夹的；NTFS 权限是基于文件的，既可以在文件夹上设置也可以在文件上设置。共享权限只有当用户通过网络访问共享文件夹时才起作用；NTFS 权限无论用户是通过网络还是本地登录使用文件都会起作用，当用户通过网络访问文件时它会与共享权限联合起作用，规则是取最严格的权限设置。

参考答案

（50）D

试题（51）

光网络设备调测时，一旦发生光功率过高就容易导致烧毁光模块事故，符合规范要求的是<u>（51）</u>。

①调测时要严格按照调测指导书说明的受光功率要求进行调测

②进行过载点测试时，达到国标即可，禁止超过国标 2dB 以上，否则可能烧毁光模块

③使用 OTDR 等能输出大功率光信号的仪器对光路进行测量时，要将通信设备与光路断开

④不能采用将光纤连接器插松的方法来代替光衰减器

（51）A．①②③④　　B．②③④　　C．①②　　D．①②③

试题（51）分析

本题考查光网络设备的基础知识。

光网络调试有两方面的指标，一是依据国标 GB/T 5941—1995《同步数字体系（SDH）光缆线路系统进网要求》规范技术指标和功能要求，SDH 光缆线路系统需要测试的项目可参查。二是依据生产企业制定的设备操作规范，要求测试人员必须熟悉被测设备性能及测试要求。

参考答案

（51）A

试题（52）

以下有关 SSD，描述错误的是<u>（52）</u>。

（52）A．SSD 是用固态电子存储芯片阵列而制成的硬盘，由控制单元和存储单元（FLASH 芯片、DRAM 芯片）组成

B．SSD 固态硬盘最大的缺点就是不可以移动，而且数据保护受电源控制，不能适应于各种环境

C．SSD 的接口规范和定义、功能及使用方法与普通硬盘完全相同

D．SSD 具有擦写次数的限制，闪存完全擦写一次叫作 1 次 P/E，其寿命以 P/E 作单位

试题（52）分析

本题考查存储介质的基础知识。

固态硬盘用固态电子存储芯片阵列而制成的硬盘，由控制单元和存储单元（FLASH 芯片、DRAM 芯片）组成。固态硬盘在接口的规范和定义、功能及使用方法上与普通硬盘相同。SSD 固态硬盘最大的优点就是可以移动，而且数据保护不受电源控制，能适应于各种环境。

参考答案

（52）B

试题（53）

在 Windows Server 2008 系统中，要有效防止“穷举法”破解用户密码，应采用<u>（53）</u>。

（53）A．安全选项策略　　B．账户锁定策略

C．审核对象访问策略　　D．用户权利指派策略

试题（53）分析

本题考查操作系统方面的基础知识。

限制密码输入错误多少次后锁定账户一定时间，这样就不能穷举法破解了，在 Windows Server 2008 系统中这属于安全选项策略。

参考答案

（53）B

试题（54）

某单位在进行新园区网络规划设计时，考虑选用的关键设备都是国内外知名公司的产品，在系统结构化布线、设备安装、机房装修等环节严格按照现行国内外相关技术标准或规范来执行。该单位在网络设计时遵循了__（54）__原则。

（54）A．先进性　　B．可靠性与稳定性
C．可扩充　　D．实用性

试题（54）分析

本题考查网络规划方面的基础知识。

本题中的选项重点在于题干中“国内外相关技术标准或规范”，这就指明了该单位网络设计遵循的是安全可靠和稳定的原则。

参考答案

（54）B

试题（55）、（56）

查看 OSPF 进程下路由计算的统计信息是__（55）__，查看 OSPF 邻居状态信息是__（56）__。

（55）A．display ospf cumulative　　B．display ospf spf-statistics
C．display ospf global-statics　　D．display ospf request-queue

（56）A．display ospf peer　　B．display ip ospf peer
C．display ospf neighbor　　D．display ip ospf neighbor

试题（55）、（56）分析

本题考查路由命令的基础知识。

开放最短路径有限（Open Shortest Path First，OSPF）是 IETF 开发的基于链路状态的自治系统内部路由协议。相关 OSPF 检查配置结果命令如下。

执行 display ospf spf-statistics 命令，查看 OSPF 进程下路由计算的统计信息。

执行 display ospf peer 命令，查看 OSPF 邻居的信息。

参考答案

（55）B　（56）A

试题（57）

一个完整的无线网络规划通常包括__（57）__。

①规划目标定义及需求分析

②传播模型校正及无线网络的预规划

③站址初选与勘察

④无线网络的详细规划

（57）A．①②③④　　B．④　　C．②③　　D．①③④

试题（57）分析

本题考查网络规划方面的基础知识。

选择适合的站址，得到最优的覆盖和容量，对于网络的长期发展至关重要；在无线网络规划中，对信号传播损耗的预测是依据无线传播模型来进行的，因此确定准确的传播模型是

无线网络规划的基础；需求分析与详细规划是每一个网络建设项目规划都必须包括的内容。

参考答案

（57）A

试题（58）

下面 RAID 级别中，数据冗余能力最弱的是__（58）__。

（58）A．RAID5　　B．RAID1　　C．RAID6　　D．RAID0

试题（58）分析

本题考查 RAID 方面的基础知识。

相比于其他的存储方式，RAID0 冗余能力最弱。

参考答案

（58）D

试题（59）

在五阶段网络开发过程中，网络物理结构图和布线方案的确定是在__（59）__阶段确定的。

（59）A．需求分析　　B．逻辑网络设计
C．物理网络设计　　D．通信规范设计

试题（59）分析

本题考查网络规划设计的基础知识。

物理网络设计是网络设计过程中紧随逻辑网络设计的一个重要设计部分，通过对逻辑网络设计的物理化，提供了网络实施所必需的信息。物理网络设计的输入是需求说明书、通信规范说明书和逻辑网络设计说明书。

物理网络设计的任务是为所设计的逻辑网络设计特定的物理环境平台，主要包括结构化布线系统设计、机房环境设计、设备选型、网络实施，这些内容要有相应的物理设计文档。由于逻辑网络设计是物理网络设计的基础，因此逻辑网络设计的商业目标、技术需求、网络通信特征等因素都会影响物理网络设计。

物理网络设计是对逻辑网络设计的物理实现，通过对设备的具体物理分布、运行环境等的确定，确保网络的物理连接符合逻辑连接的要求。在这一阶段，网络设计者需要确定具体的软硬件、连接设备、布线和服务。

如何选择和安装设备，由网络物理结构这一阶段的输出作依据，所以网络物理结构设计文档必须尽可能详细、清晰，输出的内容如下：

- 网络物理结构图和布线方案。
- 设备和部件的详细列表清单。
- 软硬件和安装费用的估算。
- 安装日程表，详细说明服务的时间以及期限。
- 安装后的测试计划。
- 用户的培训计划。

参考答案

（59）C

试题（60）

按照 IEEE 802.3 标准，不考虑帧同步的开销，以太帧的最大传输效率为＿（60）＿。

（60）A．50%　　B．87.5%　　C．90.5%　　D．98.8%

试题（60）分析

本题考查网络性能计算的基础知识。

网络效率是指用户传输数据流量与网络线路带宽之间的比例。不同的网络传输技术，其网络效率是不同的。网络划分成若干个层次，因此每个层次间都存在上层用户数据与下层数据通道的效率问题，但是在大多数情况下，网络设计时主要考虑数据链路层的网络效率。

网络效率的计算公式为效率=（帧长–帧头和帧尾）/（帧长）×100%，额外开销指不能用于传输用户数据的带宽比例，额外开销=（1–效率）；在 ATM 网络中，由于信元长度固定为 53 字节，信元头部固定为 5 字节，因此，ATM 的网络效率为（53–48）/53×100%=90.5%，额外开销=1–90.5%=9.5%；在传统以太网络中，由于以太网的帧头大小固定，而用户数据不固定，但有最小帧长和最大帧长，因此以太网的最小网络效率为（64–18）/64×100%=87.5%，最大额外开销为 12.5%，最大网络效率为（1518–18）/1518×100%=98.8%，最小额外开销为 0.02%，实际应用中，要根据以太网的平均帧长来计算平均网络效率。

参考答案

（60）D

试题（61）

进行链路传输速率测试时，测试工具应在交换机发送端口产生＿（61）＿线速流量。

（61）A．100%　　B．80%　　C．60%　　D．50%

试题（61）分析

本题考查网络测试的基础知识。

链路传输速率是指设备间通过网络传输数字信息的速率。对于 10M 以太网，单向最大传输速率应达到 10Mb/s；对于 100M 以太网，单向最大传输速率应能达到 100Mb/s；对于 1000M 以太网，单向最大传输速率应能达到 1000Mb/s。

链路传输率测试结构示意图如下，测试工具 1 产生流量，测试工具 2 接收流量。若发送端口和接收端口位于同一机房，也可用一台具备双端口测试能力的测试工具实现。测试必须在空载网络中进行。

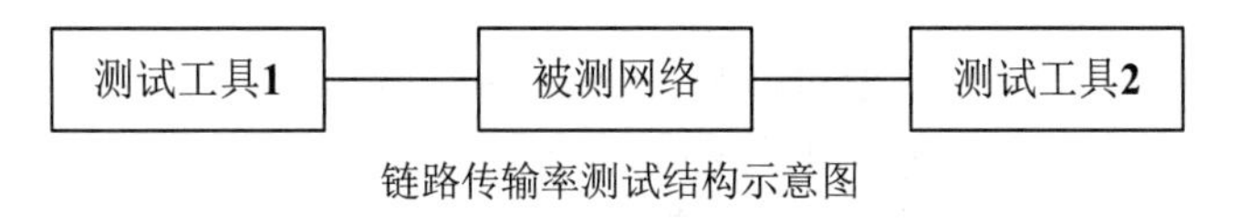

链路传输率测试结构示意图

①将用于发送和接收的测试工具分别连接到被测网络链路的源和目的交换机端口或末端 HUB 端口上；

②对于交换机，测试工具 1 在发送端口产生 100%满线速流量；对于 HUB，测试工具 1 发送端口产生 50%线速流量（建议将帧长度设置为 1518 字节）；

③测试工具 2 在接收端口对收到的流量进行统计，计算其端口利用率。

参考答案

（61）A

试题（62）

下面描述中，属于工作区子系统区域范围的是＿（62）＿。

（62）A．实现楼层设备之间的连接　　B．接线间配线架到工作区信息插座

C．终端设备到信息插座的整个区域　　D．接线间内各种交连设备之间的连接

试题（62）分析

本题考查综合布线的基础知识。

综合布线系统根据各个区域功能的不同，分为 6 个子系统，分别是：

①工作区子系统：实现工作区终端设备与水平子系统之间的连接，由终端设备连接到信息插座的连接线缆所组成。由信息插座、插座盒、连接跳线和适配器组成。工作区子系统的设计主要考虑信息插座和适配器两个方面。

②水平子系统：实现信息插座和管理子系统（跳线架）间的连接，将用户工作区引至管理子系统，并为用户提供一个符合国际标准，满足语音及高速数据传输要求的信息点出口。该子系统由一个工作区的信息插座开始，经水平布置到管理区的内侧配线架的线缆所组成。系统中常用的传输介质是 4 对 UTP（非屏蔽双绞线），它能支持大多数现代通信设备，并根据速率要去灵活选择线缆：在速率低于 10Mb/s 时一般采用 4 类或是 5 类双绞线；在速率为 10～100Mb/s 时一般采用 5 类或是 6 类双绞线；在速率高于 100Mb/s 时，采用光纤或是 6 类双绞线。

水平子系统要求在 90m 范围内，它是指从楼层接线间的配线架至工作区的信息点的实际长度。如果需要某些宽带应用时，可以采用光缆。信息出口采用插孔为 ISDN 8 芯（RJ-45）的标准插口，每个信息插座都可灵活地运用，并根据实际应用要求可随意更改用途。水平子系统最常见的拓扑结构是星形结构，该系统中的每一点都必须通过一根独立的线缆与管理子系统的配线架连接。

③管理子系统：本子系统由交连、互连配线架组成。管理点为连接其他子系统提供连接手段。交连和互连允许将通信线路定位或重定位到建筑物的不同部分，以便能更容易地管理通信线路，使在移动终端设备时能方便地进行插拔。互连配线架根据不同的连接硬件分楼层配线架（箱）IDF 和总配线架（箱）MDF，IDF 可安装在各楼层的干线接线间，MDF 一般安装在设备机房。

④垂直干线子系统：实现计算机设备、程控交换机（PBX）、控制中心与各管理子系统间的连接，是建筑物干线电缆的路由。该子系统通常是两个单元之间，特别是在位于中央点的公共系统设备处提供多个线路设施。系统由建筑物内所有的垂直干线多对数电缆及相关支撑硬件组成，以提供设备间总配线架与干线接线间楼层配线架之间的干线路由。常用介质是大对数双绞线电缆和光缆。

干线的通道包括开放型和封闭型两种。前者是指从建筑物的地下室到其楼顶的一个开放空间，后者是一连串的上下对齐的布线间，每层各有一间，电缆利用电缆孔或是电缆井穿过接线间的地板，由于开放型通道没有被任何楼板所隔开，因此为施工带来了很大的麻烦，一

般不采用。

⑤设备间子系统：由设备间中的电缆、连接器和有关的支撑硬件组成，作用是将计算机、PBX、摄像头、监视器等弱电设备互连起来并连接到主配线架上。设备包括计算机系统、网络集线器（Hub）、网络交换机（Switch）、程控交换机（PBX）、音响输出设备、闭路电视控制装置和报警控制中心等。

⑥建筑群子系统：该子系统将一个建筑物的电缆延伸到建筑群的另外一些建筑物中的通信设备和装置上，是结构化布线系统的一部分，支持提供楼群之间通信所需的硬件。它由电缆、光缆和入楼处的过流过压电气保护设备等相关硬件组成，常用介质是光缆。

建筑群子系统布线有地下管道敷设方式、直埋沟内敷设方式和架空方式三种。

参考答案

（62）C

试题（63）、（64）

下列测试指标中，属于光纤指标的是__（63）__，仪器__（64）__可在光纤的一端测得光纤的损耗。

（63）A．波长窗口参数　　B．线对间传播时延差
　　　C．回波损耗　　D．近端串扰

（64）A．光功率计　　B．稳定光源
　　　C．电磁辐射测试笔　　D．光时域反射仪

试题（63）、（64）分析

本题考查网络传输介质的基础知识。

回波损耗、线对间传播时延差和近段串扰均属于铜缆的性能指标，波长窗口参数、衰减系数、模场直径等属于光纤的性能指标。

光时域反射仪（OTDR）。OTDR可以精确地测量光纤的长度、定位光纤的断裂处、测量光纤的信号衰减、测量接头或连接器造成的损耗。OTDR还可以用于记录特定安装方式的参数信息（例如，信号的衰减以及接头造成的损耗等）。以后当怀疑网络出现故障时，可以利用OTDR测量这些参数并与原先记录的信息进行比较。

参考答案

（63）A　（64）D

试题（65）

以下关于光缆的弯曲半径的说法中不正确的是__（65）__。

（65）A．光缆弯曲半径太小易折断光纤
　　　B．光缆弯曲半径太小易发生光信号的泄露影响光信号的传输质量
　　　C．施工完毕光缆余长的盘线半径应大于光缆半径的15倍以上
　　　D．施工中光缆的弯折角度可以小于90度

试题（65）分析

本题考查网络传输介质的基础知识。

弯曲半径是曲率半径。通俗地说，是把曲线上一个极小的段用一段圆弧代替。这个圆的

半径即为弯曲半径。动态弯曲半径是指光纤在运动中的弯曲半径一般是不得小于光缆外径的20倍。静态弯曲半径是光纤在静止是的弯曲半径一般是光缆外径的15倍。

当光纤的弯曲半径过小时，容易损坏光纤，并使得光信号泄露。

参考答案

（65）D

试题（66）

网络管理员在日常巡检中，发现某交换机有个接口（电口）丢包频繁，下列处理方法中正确的是__（66）__。

①检查连接线缆是否存在接触不良或外部损坏的情况

②检查网线接口是否存在内部金属弹片凹陷或偏位

③检查设备两端接口双工模式、速率、协商模式是否一致

④检查交换机是否中病毒

（66）A．①②　　B．③④　　C．①②③　　D．①②③④

试题（66）分析

本题考查局域网故障处理方面的知识。

网络丢包一般由于网线故障、水晶头金属物氧化或者故障、蠕虫病毒、网卡故障、速率协商、网络设备故障等原因造成。在实际应用中，很少发现交换机中病毒，一般都是病毒利用网络，但不感染交换设备。本例中，该交换机只有一个接口出现丢包现象，可以排除交换机中毒情况。

参考答案

（66）C

试题（67）、（68）

网络管理员在对公司门户网站（www.onlineMall.com）巡检时，在访问日志中发现如下入侵记录：

2018-07-10 21:07:44　219.232.47.183　访问 www.onlineMall.com/manager/html/start?path=<script>alert(/scanner/)</script>

该入侵为__（67）__攻击，应配备__（68）__设备进行防护。

（67）A．远程命令执行　　B．跨站脚本(XSS)
C．SQL 注入　　D．Http Heads

（68）A．数据库审计系统　　B．堡垒机
C．漏洞扫描系统　　D．Web 应用防火墙

试题（67）、（68）分析

本题考查 Web 安全方面的威胁识别和防护知识。

从题目显示的入侵记录分析，攻击者通过在 URL 地址中加入“**<script>alert(/scanner/)</script>**”脚本显示服务器的某些信息，是典型的跨站脚本攻击，在网络中串接部署 Web 应用防火墙（WAF）设备，可以对该类攻击进行防护，WAF 也可以对 SQL 注入、网页被非法篡改等其他针对 WEB 应用的攻击进行防护。

参考答案

（67）B　（68）D

试题（69）、（70）

如下图所示，某公司甲、乙两地通过建立 IPSec VPN 隧道，实现主机 A 和主机 B 的互相访问，VPN 隧道协商成功后，甲乙两地访问互联网均正常，但从主机 A 到主机 B ping 不通，原因可能是__（69）__、__（70）__。

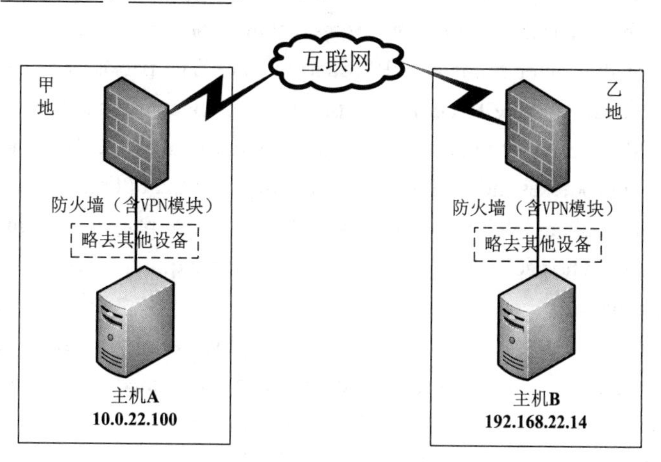

（69）A. 甲乙两地存在网络链路故障
　　B. 甲乙两地防火墙未配置虚拟路由或者虚拟路由配置错误
　　C. 甲乙两地防火墙策略路由配置错误
　　D. 甲乙两地防火墙互联网接口配置错误

（70）A. 甲乙两地防火墙未配置 NAT 转换
　　B. 甲乙两地防火墙未配置合理的访问控制策略
　　C. 甲乙两地防火墙的 VPN 配置中未使用野蛮模式
　　D. 甲乙两地防火墙 NAT 转换中未排除主机 A/B 的 IP 地址

试题（69）、（70）分析

本题考查 VPN 配置的相关知识。

根据题干描述，甲乙两地访问互联网均正常，且 VPN 隧道也能协商成功，说明不存在由于网络链路故障、防火墙互联网接口配置错误、防火墙未配置 NAT 转换、防火墙未配置合理的访问控制策略原因而造成主机 A 到主机 B ping 不通，而野蛮模式为隧道协商的配置熟悉，既然隧道协商成功，说明该选项可以排除。

一般配置 VPN 时，除了进行 VPN 隧道的相关参数配置外，还需要配置虚拟路由，将对于目标主机 B 的访问，指向已经建立 VPN 隧道。从上图可知，甲乙两地的防火墙为出口设备，可能配置有 NAT 地址转换，一般防火墙的 NAT 配置会优先 VPN 隧道，如果在防火墙 NAT 转换中不排除掉对于主机 A/B 的 IP 地址，也会造成 VPN 隧道协商成功，但会无法访问的现象。

参考答案

（69）B（70）D

试题（71）～（75）

Anytime a host or a router has an IP datagram to send to another host or router, it has the __(71)__ address of the receiver. This address is obtained from the DNS if the sender is the host or it is found in a routing table if the sender is a router. But the IP datagram must be __(72)__ in a frame to be able to pass through the physical network. This means that the sender needs the __(73)__ address of the receiver. The host or the router sends an ARP query packet. The packet includes the physical and IP addresses of the sender and the IP address of the receiver. Because the sender does not know the physical address of the receiver, the query is __(74)__ over the network.Every host or router on the network receives and processes the ARP query packet,but only the intended recipient recognizes its IP address and sends back an ARP responsepacket. The response packet contains the recipient's IP and physical addresses. The packet is __(75)__ directly to the inquirer by using the physical address received in the querypacket.

（71）A．port　B．hardware　C．physical　D．logical
（72）A．extracted　B．encapsulated　C．decapsulated　D．decomposed
（73）A．local　B．network　C．physical　D．logical
（74）A．multicast　B．unicast　C．broadcast　D．multiple unicast
（75）A．multicast　B．unicast　C．broadcast　D．multiple unicast

参考译文

每当一个主机或路由器需要向另一个主机或路由器发送 IP 数据报时，它具有接收方的逻辑地址。如果发送方是主机，则从 DNS 获取此地址；如果发送方是路由器，则在路由表中找到此地址。但是 IP 数据报必须封装在一个帧中，才能通过物理网络。这意味着发送方需要接收方的物理地址。主机或路由器发送一个 ARP 查询包，它包括发送方的物理地址、IP 地址以及接收方的 IP 地址。由于发送方不知道接收方的物理地址，所以通过网络广播进行查询。网络上的每个主机或路由器都接收和处理 ARP 查询数据包，但只有目标接收方识别出其 IP 地址并发回一个 ARP 响应数据包。这个数据包包含接收方的 IP 地址和物理地址，它通过从查询数据包中得到的物理地址直接单播到发送方。

参考答案

（71）D　（72）B　（73）C　（74）C　（75）B

第 5 章　2018 下半年网络规划设计师下午试题 I 分析与解答

试题一（共 25 分）

阅读以下说明，回答问题 1 至问题 4，将解答填入答题纸对应的解答栏内。

【说明】

某园区组网方案如图 1-1 所示，数据规划如表 1-1 内容所示。

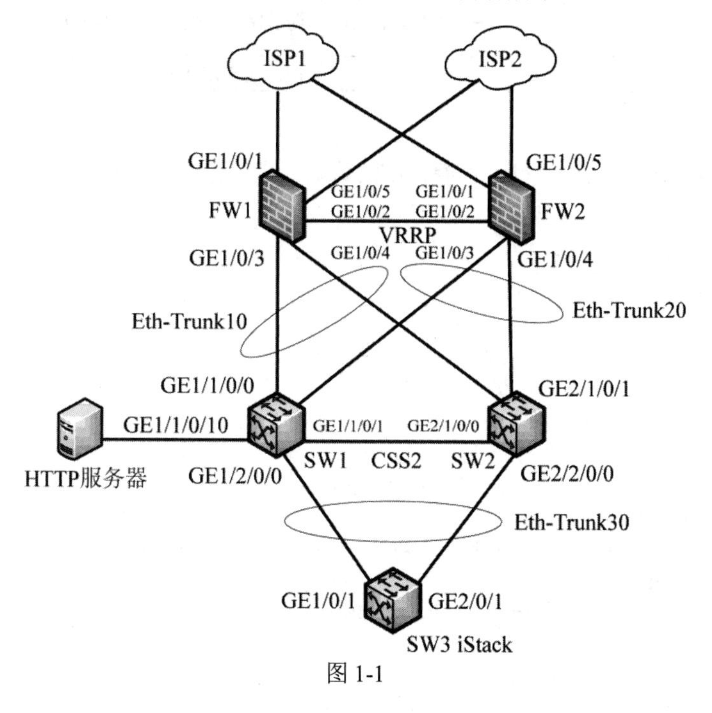

图 1-1

表 1-1

设备	接口	成员接口	VLANIF	IP 地址	对端设备	对端接口
FW1	GE1/0/1	-	-	202.1.1.1/24	ISP1 外网出口 IP	
	GE1/0/5	-	-	202.2.1.2/24	ISP2 外网出口 IP	
	GE1/0/2	-	-	172.16.111. 1/24	FW2	GE1/0/2
	Eth-Trunk10	GE1/0/3	-	172.16.10.1/24	SW CSS	Eth-Trunk10
		GE1/0/4	-			
FW2	GE1/0/1	-	-	202.1.1.2/24	ISP1 外网出口 IP	
	GE1/0/5	-	-	202.2.1.1/24	ISP1 外网出口 IP	
	GE1/0/2	-	-	172.16.111. 2/24	FW1	GE1/0/2
	Eth-Trunk20	GE1/0/3	-	172.16.10.2/24	SW CSS	Eth-Trunk20
		GE1/0/4	-			

续表

设备	接口	成员接口	VLANIF	IP 地址	对端设备	设备
SW CSS	GE1/1/0/10	-	VLANIF50	172.16.50.1/24	HTTP	以太网接口
	Eth-Trunk10	GE1/1/0/0	VLANIF10	172.16.10.3/24	FW1	Eth-Trunk10
		GE2/1/0/0				
	Eth-Trunk20	GE1/1/0/1	VLANIF10	172.16.10.3/24	FW2	Eth-Trunk20
		GE2/1/0/1				
	Eth-Trunk30	GE1/2/0/0	VLANIF30	172.16.30.1/24	SW3	Eth-Trunk30
		GE2/2/0/0	VLANIF40	172.16.40.1/24		
SW3	Eth-Trunk30	GE1/0/1	VLANIF30	172.16.30.2/24	SW CSS	Eth-Trunk3
		GE2/0/1				
HTTP	以太网接口	-	-	172.16.50.10/24	SW CSS	GE1/1/0/10

【问题 1】（8 分）

该网络对汇聚层交换机进行了堆叠，在此基础上进行链路聚合并配置接口，补充下列命令片段。

```
[SW3] interface __(1)__
[SW3-Eth-Trunk30] quit
[SW3] interface gigabitethernet 1/0/1
[SW3-GigabitEthernet1/0/1] eth-trunk 30
[SW3-GigabitEthernet1/0/1] quit
[SW3] interface gigabitethernet 2/0/1
[SW3-GigabitEthernet2/0/1] eth-trunk 30
[SW3-GigabitEthernet2/0/1] quit
[SW3] vlan batch __(2)__
[SW3] interface eth-trunk 30
[SW3-Eth-Trunk30] port link-type __(3)__
[SW3-Eth-Trunk30] port trunk allow-pass vlan 30 40
[SW3-Eth-Trunk30] quit
[SW3] interface vlanif 30
[SW3-Vlanif30] ip address __(4)__
[SW3-Vlanif30] quit
```

【问题 2】（8 分）

该网络对核心层交换机进行了集群，在此基础上进行链路聚合并配置接口，补充下列命令片段。

```
[CSS] interface loopback 0
[CSS-LoopBack0] ip address 3.3.3.3 32
[CSS-LoopBack0] quit
[CSS] vlan batch 10 30 40 50
[CSS] interface eth-trunk 10
[CSS-Eth-Trunk10] port link-type access
[CSS-Eth-Trunk10] port default vlan 10
[CSS-Eth-Trunk10] quit
```

```
[CSS] interface eth-trunk 20
[CSS-Eth-Trunk20] port link-type __(5)__
[CSS-Eth-Trunk20] port default vlan 10
[CSS-Eth-Trunk20] quit
[CSS] interface eth-trunk 30
[CSS-Eth-Trunk30] port link-type __(6)__
[CSS-Eth-Trunk30] port trunk allow-pass vlan 30 40
[CSS-Eth-Trunk30] quit
[CSS] interface vlanif 10
[CSS-Vlanif10] ip address 172.16.10.3 24
[CSS-Vlanif10] quit
[CSS] interface vlanif 30
[CSS-Vlanif30] ip address 172.16.30.1 24
[CSS-Vlanif30] quit
[CSS] interface vlanif 40
[CSS-Vlanif40] ip address __(7)__
[CSS-Vlanif40] quit
[CSS] interface gigabitethernet 1/1/0/10
[CSS-GigabitEthernet1/1/0/10] port link-type access
[CSS-GigabitEthernet1/1/0/10] port default vlan 50
[CSS-GigabitEthernet1/1/0/10] quit
[CSS] interface vlanif 50
[CSS-Vlanif50] ip address __(8)__
[CSS-Vlanif50] quit
```

【问题 3】（3 分）

配置 FW1 时，下列命令片段的作用是＿（9）＿。

```
[FW1] interface eth-trunk 10
[FW1-Eth-Trunk10] quit
[FW1] interface gigabitethernet 1/0/3
[FW1-GigabitEthernet1/0/3] eth-trunk 10
[FW1-GigabitEthernet1/0/3] quit
[FW1] interface gigabitethernet 1/0/4
[FW1-GigabitEthernet1/0/4] eth-trunk 10
[FW1-GigabitEthernet1/0/4] quit
```

【问题 4】（6 分）

在该网络以防火墙作为出口网关的部署方式，相比用路由器作为出口网关，防火墙旁挂的部署方式，最主要的区别在于＿（10）＿。

为了使内网用户访问外网，在出口防火墙的上行配置＿（11）＿，实现私网地址和公网地址之间的转换；在出口防火墙上配置＿（12）＿，实现外网用户访问 HTTP 服务器。

试题一分析

本题考查以防火墙为园区网出口的网络构建。

以防火墙为出口的网络部署方案是将防火墙作为出口安全网关，对出入园区网的业务流量提供安全过滤功能，为网络安全提供保障，该部署模式适用于企业园区网出口流量较小或者用户规模不大的园区网场景。以防火墙为出口网关的网络通常包括以下主要需求。

选路需求，业务流量在网络出口侧可自动选择出口，分流到不同运营商网络之中去，避免链路资源的浪费。

NAT 需求，内网用户可正常访问 Internet 资源，外网用户可以访问内网中的服务器资源。

安全与可靠性需求，所有南北流量都需要经过安全处理，网络中链路或设备出现故障时，网络业务不中断。

【问题 1】

本问题考查基本的网络接口配置命令，通过对数据规划表和网络拓扑图对应关系识别汇聚层交换机的位置和的各接口的参数配置。

【问题 2】

集群交换机系统 CSS（Cluster Switch System）是将两台支持集群特性的交换机设备组合在一起，从逻辑上组合成一台交换设备。通过交换机集群，可以实现网络的高可靠性和网络大数据量的转发，实现简化网络管理。由于集群中的两台成员交换机都是用同一个 IP 地址和 MAC，为防止集群分裂后产生两个相同的 IP 地址和 MAC 地址，引起网络故障，必须进行 IP 地址和 MAC 的冲突检查，使用多主检查 MAD 协议。

对网络核心层交换机进行集群，采用以下的步骤进行。

1. 配置核心交换机集群，包括集群卡的线缆连接；配置集群连接方式，集群 ID 和集群的优先级；使能 CSS；重启核心交换机，查看集群状态，确认集群系统主交换机的 CSS MASTERD 灯绿色常亮等步骤。
2. 集群配置各接口多主检测功能并查看集群系统多主检测详细配置信息。
3. 配置 CSS 与 FW，与汇聚交换机之间的 Eth-Trunk 和接口。
4. 配置路由，包括 OSPF 路由发布，缺省路由等信息。

【问题 3】

从网络拓扑可知，配置的两个接口均是防火墙的下行接口，连接核心层的集群，采用的方式是 Eth-Trunk 方式。

【问题 4】

防火墙在线部署也就是串接部署，可以检测也可以起到实时阻止的作用，但是转发会对大流量数据产生延迟。旁路部署本模式，防毒墙和网络是并联的，可以通过数据镜像后，传给防毒墙审查，审查的数据并不会直接影响到网络中的数据。

NAT 主要应用于内网用户访问外网，当内网用户上网时，通过路由器发送数据包时，私有地址被转换成合法的 IP 地址，局域网只需使用少量 IP 地址实现私有地址网络内所有计算机与 Internet 的通信需求。NAT Server 应用于实现私网服务器以公网 IP 地址对外提供服务的场景。当内网部署了 IP 是私网地址的服务器，公网用户通过公网地址来访问该服务器，可以配置 NAT Server，使设备将公网用户访问该公网地址的报文自动转发给内网服务器。

参考答案

【问题 1】

（1）eth-trunk 30

（2）30 40

（3）trunk

（4）172.16.30.2 24

【问题 2】

（5）access

（6）trunk

（7）172.16.40.1 24

（8）172.16.50.1 24

【问题 3】

（9）在 FW1 上创建 Eth-Trunk 10，用于连接 CSS，并加入 Eth-Trunk 成员接口

【问题 4】

（10）出口流量较小或网络规模小

（11）NAT

（12）NAT Server

试题二（25 分）

阅读下列说明，回答问题 1 至问题 4，将解答填入答题纸的对应栏内。

【说明】

图 2-1 为某台服务器的 RAID（Redundant Array of Independent Disk，独立冗余磁盘阵列）示意图，一般进行 RAID 配置时会根据业务需求设置相应的 RAID 条带深度和大小，本服务器由 4 块磁盘组成，其中 P 表示校验段、D 表示数据段，每个数据块为 4KB，每个条带在一个磁盘上的数据段包括 4 个数据块。

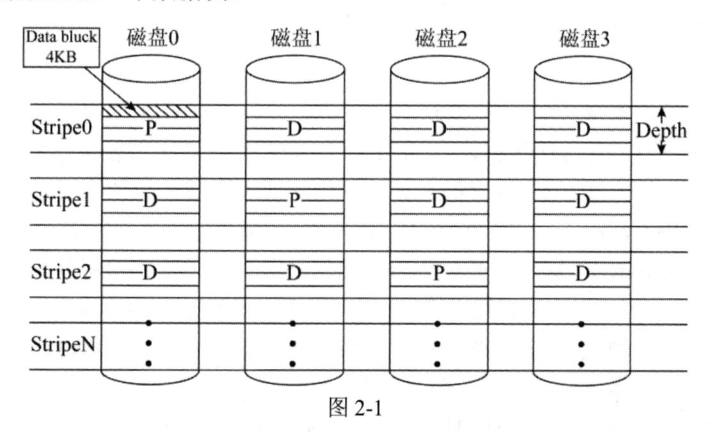

图 2-1

【问题 1】（6 分）

图 2-1 所示的 RAID 方式是__（1）__，该 RAID 最多允许坏__（2）__块磁盘而数据不丢失，通过增加__（3）__盘可以减小磁盘故障对数据安全的影响。

【问题 2】（5 分）

1. 图 2-1 所示 RAID 的条带深度是__（4）__KB、大小是__（5）__KB。

2. 简述该 RAID 方式的条带深度大小对性能的影响。

【问题 3】（7 分）

图 2-1 所示的 RAID 方式最多可以并发__（6）__个 IO 写操作，通过__（7）__措施可以提高最大并发数，其原因是__（8）__。

【问题 4】（7 分）

某天，管理员发现该服务器的磁盘 0 故障报警，管理员立即采取相应措施进行处理。

1. 管理员应采取什么措施？

2. 假设磁盘 0 被分配了 80%的空间，则在 RAID 重构时，未被分配的 20%空间是否参与重构？请说明原因。

试题二分析

本题考查存储系统 RAID 的相关知识及应用。

此类题目要求考生掌握存储系统知识，熟悉 RAID 0～7 常见的 8 种 RAID 级别的技术特点、性能特点，根据业务需求，合理优化配置 RAID，要求考生具有存储系统管理的实际经验。

【问题 1】

图 2-1 所示为 RAID5（无独立校验盘的奇偶校验码磁盘阵列），RAID5 条带化磁盘，校验信息没有使用单独的磁盘存储，而是分布在组内的所有磁盘上，每个条带内，有 1 个校验块和 N–1 个数据块组成，磁盘可用数为 N–1 块，最多允许坏 1 块磁盘，可利用校验信息恢复数据。在实际生产环境中，为了增加磁盘冗余度，一般配置热备盘，以减小磁盘故障对数据安全的影响。与之相近的 RAID4 采用单独的校验盘存储校验信息，而 RAID6 比 RAID5 多增加一份校验信息。

【问题 2】

磁盘条带化时，条带（Stripe）横跨多个磁盘，一个条带在单块磁盘上所占的区域成为段（Segment），每个段所包含的数据块（Data Block）的个数或者字节容量称为条带深度（Stripe Depth）；一个条带横跨过的所有磁盘的数据块的个数或者字节容量称为条带长度。图 2-1 中，每个 Data Block=4KB，每个 Segment=4KB×4=16KB，即条带深度为 16KB，因为条带横跨 4 块磁盘，16KB×4=64KB，即条带长度为 64KB。条带深度的大小对存储性能是有一定影响的，条带深度较小时，每次 I/O 可以使用较多的磁盘，单次 I/O 吞吐量高，但会影响 I/O 并发能力；条带深度较大时，每次 I/O 只需使用较少的磁盘，则 I/O 并发高，IOPS 就高。

【问题 3】

RAID5 每次写 I/O，需要同时向磁盘写入数据和校验信息，至少会占用 1 个校验段和 1 个数据段，由于 1 块磁盘同时只能处理一个 I/O，所以每次写 I/O 至少要占用 2 块磁盘，因此本例中 4 块磁盘写 I/O 并发最大为 2。由此可知，通过增加磁盘数量，可以提供最大并发数。

【问题 4】

1. 从前面分析可知，RAID5 允许坏 1 块磁盘而不会造成数据丢失，所以当管理员发现磁盘 0 故障后，应立即用同型号的磁盘更换故障的磁盘 0，通过 RAID 重构，恢复磁盘 0 的数据。为了数据安全，应该在更换磁盘前，对重要数据做备份，因为在 RAID 重构过程中，频繁的数据读写，可能会造成其他磁盘故障，有可能造成数据丢失。

2. RAID 整盘重构时，通过读取其他磁盘的数据进行 XOR 校验，计算出故障磁盘的数据块并写入需要重构的磁盘中，并不区分是否使用或者分配，所以包括已分配空间和未分配空间。

参考答案

【问题 1】

（1）RAID 5

（2）1

（3）热备

【问题 2】

1. （4）16 （5）64

2. 条带深度较小时，每次 I/O 使用较多的磁盘，则吞吐量高；条带深度较大时，每次 I/O 使用较少的磁盘，则 I/O 并发高，IOPS 就高。

【问题 3】

（6）2

（7）增加磁盘

（8）从图 2-1 可知，每次写 I/O 至少占用 1 个校验段和 1 个数据段，由于 1 块磁盘同时只能处理一个 I/O，所以 4 块磁盘写 I/O 并发最大为 2。

【问题 4】

1. 备份数据，更换磁盘 0；

2. 参与重构；RAID 重构时，通过读取其他磁盘的数据进行 XOR 校验，计算出故障磁盘的数据块并写入需要重构的磁盘中，进行整盘重构，所以包括已分配空间和未分配空间。

试题三（25 分）

阅读下列说明，回答问题 1 至问题 4，将解答填入答题纸的对应栏内。

【说明】

图 3-1 为某公司拟建数据中心的简要拓扑图，该数据中心安全规划设计要求符合信息安全等级保护（三级）相关要求。

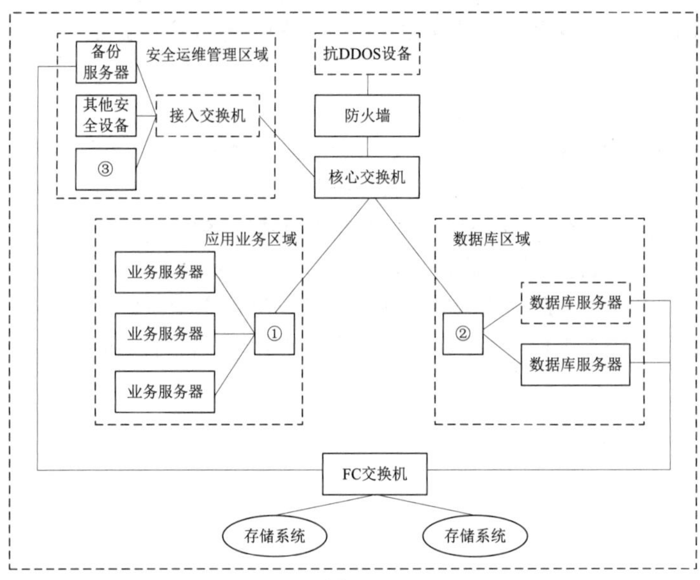

图 3-1

【问题 1】（9 分）

1. 在信息安全规划和设计时，一般通过划分安全域实现业务的正常运行和安全的有效保障，结合该公司实际情况，数据中心应该合理地划分为__（1）__、__（2）__、__（3）__三个安全域。

2. 为了实现不同区域的边界防范和隔离，在图 3-1 的设备①处应部署__（4）__设备，通过基于 HTTP/HTTPS 的安全策略进行网站等 Web 应用防护，对攻击进行检测和阻断；在设备②处应部署__（5）__设备，通过有效的访问控制策略，对数据库区域进行安全防护；在设备③处应部署__（6）__设备，定期对数据中心内服务器等关键设备进行扫描，及时发现安全漏洞和威胁，可供修复和完善。

【问题 2】（6 分）

信息安全管理一般从安全管理制度、安全管理机构、人员安全管理、系统建设管理、系统运维管理等方面进行安全管理规划和建设。其中应急预案制定和演练、安全事件处理属于__（7）__方面；人员录用、安全教育和培训属于__（8）__方面；制定信息安全方针与策略和日常操作规程属于__（9）__方面；设立信息安全工作领导小组，明确安全管理职能部门的职责和分工属于__（10）__方面。

【问题 3】（4 分）

随着分布式拒绝服务（Distributed Denial of Service，DDoS）攻击的技术门槛越来越低，使其成为网络安全中最常见、最难防御的攻击之一，其主要目的是让攻击目标无法提供正常服务。请列举常用的 DDoS 攻击防范方法。

【问题 4】（6 分）

随着计算机相关技术的快速发展，简要说明未来十年网络安全的主要应用方向。

试题三分析

本题考查安全规划、信息安全管理的相关知识及应用。

此类题目要求考生熟悉常用安全防护设备的作用和部署方式，具备常见网络攻击的识别和防范能力，掌握信息安全管理的相关内容，要求考生具有信息系统安全规划、信息安全管理、防范网络攻击的实际经验。

【问题 1】

1. 从图 3-1 中可知，该公司已经在网络拓扑设计中，按照业务类型和安全级别分为安全运维管理、应用业务、数据库三个区域，因此在安全域划分时，划分为安全运维管理安全域、应用业务安全域、数据库安全域较为合理。

2. 一般在业务服务器前（即设备①处）串接部署 Web 防火墙（WAF），通过基于 HTTP/HTTPS 的安全策略进行网站等 Web 应用防护，对 SQL 注入、跨站脚本等攻击进行检测和阻断。在设备②处部署防火墙，对区域边界进行隔离，通过有效的访问控制策略，对数据库区域进行安全防护。在设备③处应部署漏洞扫描设备，定期对数据中心内服务器等关键设备进行扫描，及时发现安全漏洞和威胁，可供修复和完善。

【问题 2】

安全管理制度方面包括：制定信息安全工作的总体方针和安全策略，建立各类安全管理制度，对管理人员或操作人员执行的日常管理操作建立操作规程，并对制度修订评审，形成全面的信息安全管理制度体系。

安全管理机构方面包括：成立指导和管理信息安全工作的委员会或领导小组，设立信息安全管理工作的职能部门，明确各安全管理岗位职责，以及相关的授权审批、沟通合作、审核检查等内容。

人员安全管理方面包括：规范人员录用和离岗，签署保密协议和岗位安全协议，定期进行安全意识教育、岗位技能培训和相关安全技术培训，并进行安全技能及安全认知的考核等人月安全管理内容。

系统建设管理方面包括：明确信息系统的边界和安全保护等级，采取相应的安全措施，并依据风险分析的结果补充和调整安全措施，产品采购和软件开发需符合国家相关规定等内容。

系统运维管理方面包括：定期对机房供配电、空调、温湿度控制等设施进行维护管理，编制资产清单，对通信线路、主机、网络设备和应用软件的运行状况、网络流量、用户行为等进行监测，做好数据备份，明确安全事件处理流程，编制应急预案并定期演练等内容。

因此，应急预案制定和演练、安全事件处理属于系统运维管理方面；人员录用、安全教育和培训属于人员安全管理方面；制定信息安全方针与策略和日常操作规程属于安全管理制度方面；设立信息安全工作领导小组，明确安全管理职能部门的职责和分工属于安全管理机构方面。

【问题 3】

DDoS（Distributed Denial of Service，分布式拒绝服务）攻击是对传统 DoS 攻击的发展，攻击者首先侵入并控制一些计算机，然后控制这些计算机同时向一个特定的目标发起拒绝服务攻击。主要企图是借助于网络系统或网络协议的缺陷和配置漏洞进行网络攻击，使网络拥塞、系统资源耗尽或者系统应用死锁，妨碍目标主机和网络系统对正常用户服务请求的及时响应，造成服务的性能受损甚至导致服务中断。

常用防范措施包括但不限于：

1. 修改系统和软件配置，设置系统的最大连接数、TCP 连接最大时长等配置，拒绝非法连接，修复系统和软件漏洞。

2. 购置抗 DDoS 防火墙等专用设备，通过对数据包的特征识别、端口监视、流量信息监控等手段，阻断非法链接或者引流至沙箱，进行 DDoS 攻击流量清洗。

3. 购买第三方服务进行 DDoS 攻击流量清洗，目前，国内部分电信运营商、安全厂家、云服务商均提供 DDoS 攻击流量清洗服务，一般都是按照清洗流量多少进行收费。

由于 DDoS 攻击隐蔽性强、攻击成本低廉等特性，使得完全消除 DDoS 攻击较难，只能尽可能减小 DDoS 攻击带来的影响。

【问题4】

需要关注大数据安全、移动智能终端安全、互联网舆情监管、物联网安全、云安全等主要应用。

参考答案

【问题1】

（1）应用业务安全域

（2）数据库安全域

（3）安全运维管理安全域　　（注：（1）～（3）项不分先后顺序）

（4）Web 防火墙/Web 应用防火墙

（5）防火墙

（6）漏洞扫描/漏洞扫描系统

【问题2】

（7）系统运维管理

（8）人员安全管理

（9）安全管理制度

（10）安全管理机构

【问题3】

1. 修改系统和软件配置进行防范。

2. 购置抗 DDoS 防火墙等专用设备进行 DDoS 攻击流量清洗。

3. 购买第三方服务进行 DDoS 攻击流量清洗。

【问题4】

1. 大数据安全：大数据的广泛应用在个性化服务和辅助决策等方面带来便捷的同时，也会带来新的安全问题，如用户隐私被侵犯、信息泄露等。

2. 移动智能终端安全：移动智能终端的快速增长和普及，与人们的日常生活已紧密关联，而安全风险也随之而来。

3. 互联网舆情监管：互联网用户的快速增长使得舆情监管日益凸显，网络舆情越来越多地反映人们的价值观，同时也影响着人们的价值观取向。

4. 物联网安全：网络和物理世界的融合即“物联网”的兴起和发展，会导致更加严重的网络安全问题。

5. 云安全：云计算的兴起和快速发展，带来了新的安全问题，风险更加集中，且具有不确定性。

（注：意思相同或相近即可。）

第 6 章　2018 下半年网络规划设计师下午试题 II 写作要点

> 从下列的 2 道试题（试题一至试题二）中任选 1 道解答。请在答题纸上的指定位置处将所选择试题的题号框涂黑。若多涂或者未涂题号框，则对题号最小的一道试题进行评分。

论题一　网络监控系统的规划与设计

网络监控系统广泛应用于各个企事业单位，考虑下列监控系统中的设计要素，结合参与设计的系统并加以评估，写出一篇有自己特色的论文。

- 实际参与的系统叙述；
- 网络拓扑与传输系统；
- 硬件与软件购置；
- 控制中心；
- 存储方式；
- 与相关系统的集成；
- 系统的性能与局限。

写作要点：

1. 简要叙述参与设计和实施的网络监控系统项目。
2. 描述监控系统，包括：

- 监控点，网络拓扑与传输介质。
- 硬件设备，监控设备型号和性能，控制中心设备。
- 控制软件。
- 信息存储设备和存储方式。

3. 监控系统的部署与分析，包括：

- 如何与相关系统集成。
- 监控系统的性能。
- 该局限的局限与原因分析。

论题二　网络升级与改造中设备的重用

随着技术的更新与业务的增长，网络的升级与改造无处不在。在网络的升级与改造过程中，已有设备的重用尤为重要，结合参与设计的系统并加以评估，写出一篇有自己特色的论文。

- 实际重建的系统叙述；
- 网络拓扑、传输系统、经费预算；

- 系统升级的原因，重点考虑内容；
- 设备的选型，重用设备统计及原因叙述；
- 系统的性能以及因重用造成的局限。

写作要点：

1. 简要叙述参与设计和实施的网络升级与改造项目。
2. 重建系统的叙述，包括：

- 系统重建的规划依据。
- 系统升级的原因和重点考虑内容。
- 网络拓扑结构、传输系统、经费预算。

3. 设备的重用叙述，包括：

- 重用原则，比如保持原样、降级使用等。
- 重用设备的统计。

4. 重建系统的部署与分析，包括：

- 系统的实施情况与性能分析。
- 重用造成的局限分析。

第 7 章 2019 下半年网络规划设计师上午试题分析与解答

试题（1）、（2）

进程 P 有 8 个页面，页号分别为 0～7，页面大小为 4KB，假设系统给进程 P 分配了 4 个存储块，进程 P 的页面变换表如下所示。表中状态位等于 1 和 0 分别表示页面在内存和不在内存。若进程 P 要访问的逻辑地址为十六进制 5148H，则该地址经过变换后，其物理地址应为十六进制＿（1）＿；如果进程 P 要访问的页面 6 不在内存，那么应该淘汰页号为＿（2）＿的页面。

页号	页帧号	状态位	访问位	修改位
0	—	0	0	0
1	7	1	1	0
2	5	1	0	1
3	—	0	0	0
4	—	0	0	0
5	3	1	1	1
6	—	0	0	0
7	9	1	1	0

（1）A．3148H　　B．5148H　　C．7148H　　D．9148H

（2）A．1　　B．2　　C．5　　D．9

试题（1）、（2）分析

本题考查操作系统存储管理方面的基础知识。

试题（1）的正确选项为 A。因为，根据题意页面大小为 4KB，逻辑地址为十六进制 5148H，其页号为 5，页内地址为 148H，查页表后可知页帧号（物理块号）为 3，该地址经过变换后，其物理地址应为页帧号 3 拼上页内地址 148H，即十六进制 3148H。

试题（2）的正确选项为 B。因为，根据题意页面变换表中状态位等于 1 和 0 分别表示页面在内存或不在内存，所以 1、2、5 和 7 号页面在内存。当访问的页面 4 不在内存时，系统应该首先淘汰未被访问的页面，因为根据程序的局部性原理最近未被访问的页面下次被访问的概率更小；如果页面最近都被访问过，应该先淘汰未修改过的页面，因为未修改过的页面内存与辅存一致，故淘汰时无须写回辅存，使系统页面置换代价小。经上述分析，1、5 和 7 号页面都是最近被访问过的，但 2 号页面最近未被访问过，故应该淘汰 2 号页面。

参考答案

（1）A　（2）B

试题（3）

数据库的安全机制中，通过提供＿（3）＿供第三方开发人员调用进行数据更新，从而保证数据库的关系模式不被第三方所获取。

（3）A．索引　B．视图　C．存储过程　D．触发器

试题（3）分析

本题考查数据库安全性的基础知识。

存储过程是数据库所提供的一种数据库对象，通过存储过程定义一段代码，提供给应用程序调用来执行。从安全性的角度考虑，更新数据时，通过提供存储过程让第三方调用，将需要更新的数据传入存储过程，而在存储过程内部用代码分别对需要的多个表进行更新，从而避免了向第三方提供系统的表结构，保证了系统的数据安全。

参考答案

（3）C

试题（4）、（5）

信息系统规划方法中，关键成功因素法是通过对关键成功因素的识别，找出实现目标所需要的关键信息集合，从而确定系统开发的__（4）__。关键成功因素来源于组织的目标，通过组织的目标分解和关键成功因素识别、__（5）__识别，一直到产生数据字典。

（4）A．系统边界　B．功能指标　C．优先次序　D．性能指标

（5）A．系统边界　B．功能指标　C．优先次序　D．性能指标

试题（4）、（5）分析

本题考查关键成功因素法方面的基础知识。

关键成功因素法是由 John Rockart 提出的一种信息系统规划方法。该方法能够帮助企业找到影响系统成功的关键因素，进行分析以确定企业的信息需求，从而为管理部门控制信息技术及其处理过程提供实施指南。

关键成功因素法通过对关键成功因素的识别，找出实现目标所需要的关键信息集合，从而确定系统开发的优先次序。关键成功因素来源于组织的目标，通过组织的目标分解和关键成功因素识别、性能指标识别，一直到产生数据字典。

参考答案

（4）C　（5）D

试题（6）、（7）

软件概要设计将软件需求转化为__（6）__和软件的__（7）__。

（6）A．算法流程　B．数据结构　C．交互原型　D．操作接口

（7）A．系统结构　B．算法流程　C．控制结构　D．程序流程

试题（6）、（7）分析

本题考查软件设计的基础知识。

从工程管理角度来看，软件设计可分为概要设计和详细设计两个阶段。概要设计也称为高层设计或总体设计，即将软件需求转化为数据结构和软件的系统结构；详细设计也称为低层设计，即对结构图进行细化，得到详细的数据结构与算法。

参考答案

（6）B　（7）A

试题（8）、（9）

软件性能测试有多种不同类型测试方法，其中，__(8)__用于测试在系统资源特别少的情况下考查软件系统的运行情况；__(9)__用于测试系统可处理的同时在线的最大用户数量。

（8）A．强度测试　　B．负载测试　　C．压力测试　　D．容量测试

（9）A．强度测试　　B．负载测试　　C．压力测试　　D．容量测试

试题（8）、（9）分析

本题考查软件测试的基础知识。

软件性能测试类型包括负载测试、强度测试和容量测试等。其中，负载测试用于测试在限定的系统下软件系统极限运行的情况；强度测试是在系统资源特别少的情况下考查软件系统的运行情况；容量测试可用于测试系统同时处理的在线最大用户数量。

参考答案

（8）A　（9）D

试题（10）

著作权中，__(10)__的保护期不受限制。

（10）A．发表权　　B．发行权　　C．展览权　　D．署名权

试题（10）分析

本题考查知识产权基础知识。

发表权也称公开作品权，指作者对其尚未发表的作品享有决定是否公之于众的权利，发表权只能行使一次，且只能为作者享有。

著作权的发行权，主要是指著作权人许可他人向公众提供作品原件或者复制件。发行权可以行使多次，并且不仅仅为作者享有。

传播权指著作权人享有向公众传播其作品的权利，传播权包括表演权、播放权、发行权、出租权、展览权等内容。

署名权是作者表明其身份，在作品上署名的权利，它是作者最基本的人身权利。根据《中华人民共和国著作权法》的规定，作者的署名权、修改权、保护作品完整权的保护期不受限制。

参考答案

（10）D

试题（11）、（12）

在 HFC 网络中，Internet 接入采用的复用技术是__(11)__，其中下行信道数据不包括__(12)__。

（11）A．FDM　　B．TDM　　C．CDM　　D．STDM

（12）A．时隙请求　　B．时隙授权

　　　C．电视信号数据　　D．应用数据

试题（11）、（12）分析

本题考查接入网 HFC 相应技术。

在 HFC 网络中，Internet 接入是依据用户需求提出时隙申请，调度器给出时隙授权，拿到授权的用户占有时隙发送数据，因此采用的复用技术是 STDM；上行信道的数据包括时隙

请求和用户发送到 Internet 的数据，下行信道的数据包括电视信号数据、时隙授权以及 Internet 发送给用户的应用数据。

参考答案

（11）D　（12）A

试题（13）、（14）

在下图所示的采用“存储-转发”方式分组的交换网络中，所有链路的数据传输速率为 100Mb/s，传输的分组大小为 1500 字节，分组首部大小为 20 字节，路由器之间的链路代价为路由器接口输出队列中排队的分组个数。主机 H1 向主机 H2 发送一个大小为 296000 字节的文件，在不考虑网络层以上层的封装、链路层封装、分组拆装时间和传播延迟的情况下，若路由器均运行 RIP 协议，从 H1 发送到 H2 接收完为止，需要的时间至少是＿（13）＿ms；若路由器均运行 OSPF 协议，需要的时间至少是＿（14）＿ms。

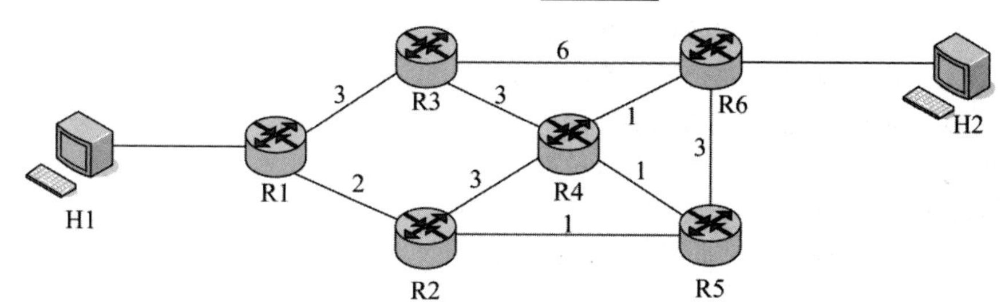

（13）A．24　　B．24.6　　C．24.72　　D．25.08

（14）A．24　　B．24.6　　C．24.72　　D．25.08

试题（13）、（14）分析

本题考查网络传输中延迟时间的计算。

计算过程如下：

分组个数为 296 000/(1500−20)=200 个；

若采用 RIP 协议，经过的路由为 R1、R3 和 R6，代价为 9，需要经过的时间为$(200+9)\times 1500\times 8/(100\times 10^6)$=25.08ms；

若采用 OSPF 协议，经过的路由为 R1、R2、R5、R4 和 R6，代价为 5，需要经过的时间为$(200+5)\times 1500\times 8/(100\times 10^6)$=24.6ms。

参考答案

（13）D　（14）B

试题（15）、（16）

下图是采用 100Base-TX 编码收到的信号，接收到的数据可能是＿（15）＿，这一串数据前一比特的信号电压为＿（16）＿。

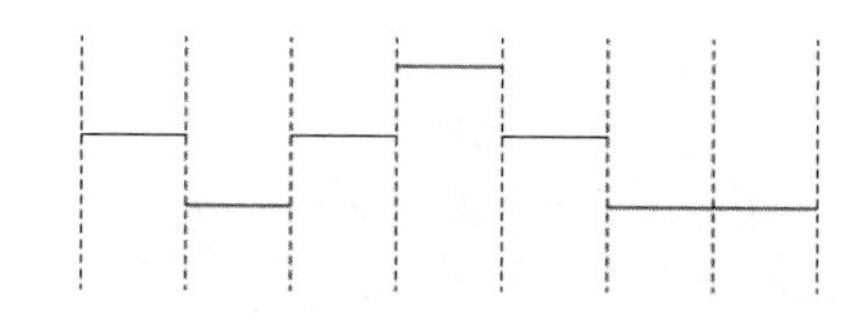

（15）A．0111110　　B．100001　　C．0101011　　D．0000001

（16）A．正电压　　B．零电压　　C．负电压　　D．不能确定

试题（15）、（16）分析

本题考查编码技术。

100Base-TX采用的编码技术为MLT-3，依据其编码规则，接收到0保持不变，接收到1跳转，故接收到的信号对应的数据只可能为0111110；依据这个数据，前一比特为0。

参考答案

（15）A　（16）B

试题（17）

HDLC是__（17）__。

（17）A．面向字节的同步传输链路层协议

B．面向字节的异步传输链路层协议

C．面向比特的同步传输链路层协议

D．面向比特的异步传输链路层协议

试题（17）分析

本题考查HDLC协议。

HDLC是面向比特技术的同步传输链路层协议。

参考答案

（17）C

试题（18）、（19）

IEEE 802.3z定义了千兆以太网标准，其物理层采用的编码技术为__（18）__。在最大段长为20米的室内设备之间，较为合理的方案为__（19）__。

（18）A．MLT-3　　B．8B6T

C．4B5B或8B9B　　D．Manchester

（19）A．1000Base-T　　B．1000Base-CX

C．1000Base-SX　　D．1000Base-LX

试题（18）、（19）分析

本题考查千兆以太网标准。

IEEE 802.3z定义了千兆以太网标准1000Base-T、1000Base-CX、1000Base-SX和1000Base-LX，其物理层采用的编码技术为4B5B或8B9B。

在最大段长为20m的室内设备之间，较为合理的方案为1000Base-CX。

参考答案

（18）C　（19）B

试题（20）

在进行域名解析的过程中，若由授权域名服务器给客户本地传回解析结果，表明__（20）__。

（20）A．主域名服务器、转发域名服务器均采用了迭代算法

B．主域名服务器、转发域名服务器均采用了递归算法

C．根域名服务器、授权域名服务器均采用了迭代算法

D．根域名服务器、授权域名服务器均采用了递归算法

试题（20）分析

本题考查域名解析相关原理。

若某服务器采用递归算法，它会返回解析结果；在进行域名解析的过程中，若由授权域名服务器给客户本地传回解析结果，至少表明主域名服务器、转发域名服务器均采用了迭代算法。根域名服务器和授权域名服务器采用何种算法不确定。

参考答案

（20）A

试题（21）

若要获取某个域的授权域名服务器的地址，应查询该域的__（21）__记录。

（21）A．CNAME　　B．MX　　C．NS　　D．A

试题（21）分析

本题考查域名解析相关原理。

域名数据库中记录有多种类型，CNAME 对应的是域名与别名对应关系；MX 对应域名与其邮件服务器关系；NS 是域的授权域名服务器记录；A 对应地址与域名的对应关系。

参考答案

（21）C

试题（22）

以下关于 DHCP 服务器租约的说法中，正确的是__（22）__。

（22）A．当租约期过了 50%时，客户端更新租约期

B．当租约期过了 80%时，客户端更新租约期

C．当租约期过了 87.5%时，客户端更新租约期

D．当租约期到期后，客户端才更新租约期

试题（22）分析

本题考查 DHCP 服务器租约相关原理。

当租约期过了 50%时，客户端向 DHCP 服务器发送报文更新租约期。

参考答案

（22）A

试题（23）

当 TCP 一端发起连接建立请求后，若没有收到对方的应答，状态的跳变为__（23）__。

（23）A．SYN SENT→CLOSED　　B．TIME WAIT→CLOSED

C．SYN SENT→LISTEN　　D．ESTABLISHED→FIN WAIT

试题（23）分析

本题考查 TCP 连接管理状态图相关原理。

当 TCP 一端发起连接建立请求后，状态由 CLOSED 跳变到 SYN SENT，若没有收到对方的应答，状态又由 SYN SENT 跳变为 CLOSED。

参考答案

（23）A

试题（24）

IPv4 报文的最大长度为___（24）___字节。

（24）A．1500　　B．1518　　C．10000　　D．65535

试题（24）分析

本题考查 IPv4 报文格式相关原理。

IPv4 首部中报文长度字段大小为 16 比特，故报文最大长度 65535 字节。

参考答案

（24）D

试题（25）

若 TCP 最大段长为 1000 字节，在建立连接后慢启动第 1 轮次发送了 1 个段并收到了应答，应答报文中 Window 字段为 5000 字节，此时还能发送___（25）___字节。

（25）A．1000　　B．2000　　C．3000　　D．5000

试题（25）分析

本题考查 TCP 拥塞控制相关原理。

TCP 连接建立后采用慢启动进行拥塞控制，第 1 轮次发送了 1 个段并收到应答后拥塞窗口变为 2000 字节；此时发送端能发送的字节数为拥塞窗口和发送窗口的最小值，即在 2000 字节和 5000 字节中取小值，为 2000 字节。

参考答案

（25）B

试题（26）

下列 DHCP 报文中，由客户端发送给 DHCP 服务器的是___（26）___。

（26）A．DhcpDecline　　B．DhcpOffer
　　　C．DhcpAck　　D．DhcpNack

试题（26）分析

本题考查 DHCP 报文相关知识。

当客户方发送 DhcpDiscovery 报文后，若服务器方有可用的 IP 地址，它会给客户方发送一个 DhcpOffer 报文；客户方发送一个 DhcpRequest 报文请求地址，若服务器同意，以 DhcpAck 报文响应，若服务器不同意，以 DhcpNack 报文响应。当客户方接收到 DhcpAck 报文但不使用它提供的地址时，用 DhcpDecline 拒绝。

参考答案

（26）A

试题（27）

使用 ping 命令连接目的主机，收到连接不通报文。此时 ping 命令使用的是 ICMP 的___（27）___报文。

（27）A．IP 参数问题　　B．回声请求与响应

C．目的主机不可达　　　　D．目的网络不可达

试题（27）分析

本题考查 ICMP 报文相关知识。

ICMP 有两类报文，其中一类为差错报告报文，包括 IP 参数问题、目的主机不可达、目的网络不可达等；另一类为测试报文，比如回声请求与响应等。ping 命令使用的是 ICMP 的回声请求与响应报文。

参考答案

（27）B

试题（28）、（29）

IP 数据报的分段和重装配要用到报文头部的标识符、数据长度、段偏置值和 M 标志等四个字段，其中__（28）__的作用是指示每一分段在原报文中的位置，__（29）__字段的作用是表明是否还有后续分组。

（28）A．段偏置值　　B．M 标志　　C．D 标志　　D．头校验和

（29）A．段偏置值　　B．M 标志　　C．D 标志　　D．头校验和

试题（28）、（29）分析

本题考查 IP 数据报的分段和重装相关知识。

IP 数据报的分段和重装中，字段的段偏置值用以指示每一分段在原报文中的位置；字段 M 标志的作用是表明是否还有后续分组。

参考答案

（28）A　（29）B

试题（30）

使用 RAID5，3 块 300GB 的磁盘获得的存储容量为__（30）__。

（30）A．300GB　　B．450GB　　C．600GB　　D．900GB

试题（30）分析

本题考查 RAID5 相关知识。

RAID5 技术中，有一块用作备份。

参考答案

（30）C

试题（31）

默认网关地址是 61.115.15.33/28，下列选项中属于该子网主机地址的是__（31）__。

（31）A．61.115.15.32　　　　B．61.115.15.40

C．61.115.15.47　　　　D．61.115.15.55

试题（31）分析

本题考查 IP 地址相关知识。

默认网关地址是 61.115.15.33/28，将地址的第 4 字节二进制展开为：**0010**0001

61.115.15.32 地址的第 4 字节二进制展开为：**0010**0000

61.115.15.40 地址的第 4 字节二进制展开为：**0010**1000

61.115.15.47 地址的第 4 字节二进制展开为：**00101**111

61.115.15.55 地址的第 4 字节二进制展开为：**00110**111

可以看出，61.115.15.55 不在同一网段；61.115.15.32 为同一网段的网络地址，61.115.15.47 为同一网段的广播地址，只有 61.115.15.40 属于该子网主机地址。

参考答案

（31）B

试题（32）

家用无线路由器通常开启 DHCP 服务，可使用的地址池为__（32）__。

（32）A．192.168.0.1～192.168.0.128　　B．169.254.0.1～169.254.0.255
　　C．127.0.0.1～127.0.0.128　　D．224.115.5.1～224.115.5.128

试题（32）分析

本题考查 IP 地址基础知识。

192.168.0.1～192.168.0.128 为私有地址，可以使用；169.254.0.1～169.254.0.255 为专用地址，127.0.0.1～127.0.0.128 为本地回送地址，224.115.5.1～224.115.5.128 为多播地址，均不能用作上网地址。

参考答案

（32）A

试题（33）

某公司的网络地址为 10.10.1.0，每个子网最多 1000 台主机，则适用的子网掩码是__（33）__。

（33）A．255.255.252.0　　B．255.255.254.0
　　C．255.255.255.0　　D．255.255.255.128

试题（33）分析

本题考查 IP 地址基础知识。

每个子网最多 1000 台主机，主机部分占 10 比特，故掩码为 255.255.252.0。

参考答案

（33）A

试题（34）

下列地址中，既可作为源地址又可作为目的地址的是__（34）__。

（34）A．0.0.0.0　　B．127.0.0.1
　　C．10.255.255.255　　D．202.117.115.255

试题（34）分析

本题考查 IP 地址基础知识。

0.0.0.0 只能作为源地址但不可作为目的地址；127.0.0.1 是本地回送地址，既可作为源地址又可作为目的地址；10.255.255.255 为 A 类地址的广播地址，只能作为目的地址；202.117.115.255 是该网段广播地址，只能作为目的地址。

参考答案

（34）B

试题（35）

在 IPv6 首部中有一个“下一头部”字段，若 IPv6 分组没有扩展首部，则其“下一头部”字段中的值为__（35）__。

（35）A．TCP 或 UDP　　B．IPv6
　　C．逐跳选项首部　　D．空

试题（35）分析

本题考查 IPv6 格式基础知识。

若 IPv6 分组没有扩展首部，则其“下一头部”字段中的值为 TCP 或 UDP。

参考答案

（35）A

试题（36）、（37）

ICMP 的协议数据单元封装在__（36）__中传送；RIP 路由协议数据单元封装在__（37）__中传送。

（36）A．以太帧　　B．IP 数据报　　C．TCP 段　　D．UDP 段

（37）A．以太帧　　B．IP 数据报　　C．TCP 段　　D．UDP 段

试题（36）、（37）分析

本题考查 ICMP 和 RIP 基本知识。

ICMP 是差错报告报文，封装在 IP 数据报中传送；RIP 为路由协议，封装在 UDP 段中传送。

参考答案

（36）B　（37）D

试题（38）

以太网的最大帧长为 1518 字节，每个数据帧前面有 8 字节的前导字段，帧间隔为 9.6 μs。若采用 TCP/IP 网络传输 14600 字节的应用层数据，采用 100BASE-TX 网络，需要的最短时间为__（38）__。

（38）A．1.32 ms　　B．13.2 ms　　C．2.63 ms　　D．26.3 ms

试题（38）分析

本题考查网络延迟计算基础知识。

计算过程如下：

最少帧数为 14 600/1460=10 帧；

每帧时间为 $9.6+(1518+8)\times 8/100\times 10^6=131.68\mu s$；

需要的总时间=$10\times 131.68\mu s=1.3168ms$。

参考答案

（38）A

试题（39）

在 IPv6 定义了多种单播地址，表示环回地址的是__（39）__。

（39）A．::/128　　B．::1/128　　C．FE80::/10　　D．FD00::/8

试题（39）分析

本题考查 IPv6 基础知识。

在 IPv6 中，环回地址是::1/128。

参考答案

（39）B

试题（40）

VoIP 通信采用的实时传输技术是__（40）__。

（40）A．RTP　　B．RSVP　　C．G.729/G.723　　D．H.323

试题（40）分析

本题考查 VoIP 通信基础知识。

VoIP 通信采用的实时传输技术是 RTP。

参考答案

（40）A

试题（41）

下列安全协议中属于应用层安全协议的是__（41）__。

（41）A．IPSec　　B．L2TP　　C．PAP　　D．HTTPS

试题（41）分析

本题考查应用层安全的基础知识。

在 TCP/IP 协议栈中，应用层、传输层和网际层均有对应的安全协议来确保安全。其中应用层的安全协议有 S/MIME、PGP、PEM、SET、Kerberos、SHTTP、SSH；传输层安全协议有 SSL/TLS 协议；网络层安全协议有 IPSec；L2TP 为数据链路层的隧道协议之一，另一个协议为 PPTP。

参考答案

（41）D

试题（42）

用户 A 在 CA 申请了自己的数字证书 I，下面的描述中正确的是__（42）__。

（42）A．证书中包含 A 的私钥，其他用户可使用 CA 的公钥验证证书真伪

B．证书中包含 CA 的公钥，其他用户可使用 A 的公钥验证证书真伪

C．证书中包含 CA 的私钥，其他用户可使用 A 的公钥验证证书真伪

D．证书中包含 A 的公钥，其他用户可使用 CA 的公钥验证证书真伪

试题（42）分析

本题考查数字证书方面的基础知识。

数字证书是在网络中用于确认通信双方的合法身份的电子凭据。一个用户在 CA 中申请了自己的数字证书，证书中包含有本人的公钥，任何用户可以通过使用 CA 的公钥来验证用户的真伪。

参考答案

（42）D

试题（43）、（44）

数字签名首先要生成消息摘要，采用的算法为＿（43）＿，摘要长度为＿（44）＿位。

（43）A．DES　　B．3DES　　C．MD5　　D．RSA

（44）A．56　　B．128　　C．140　　D．160

试题（43）、（44）分析

本题考查数字签名方面的基础知识。

数字签名是通过对原始消息进行计算，并生成“消息摘要”来实现的，接收方可以通过比对再次计算所得的消息摘要来判断该消息是否来自于合法的用户。通常所使用的消息摘要算法为 MD5，其秘钥长度为 128 位。

参考答案

（43）C　（44）B

试题（45）

下面关于第三方认证的服务说法中，正确的是＿（45）＿。

（45）A．Kerberos 认证服务中保存数字证书的服务器叫 CA

B．Kerberos 和 PKI 是第三方认证服务的两种体制

C．Kerberos 认证服务中用户首先向 CA 申请初始票据

D．Kerberos 的中文全称是“公钥基础设施”

试题（45）分析

本题考查 Kerberos 认证方面的基础知识。

Kerberos 是一种网络认证协议，其设计目标是通过密钥系统为客户机/服务器应用程序提供强大的认证服务。Kerberos 认证的基本过程如下：客户端用户发送自己的用户名到 KDC 服务器以向 AS 服务进行认证。KDC 服务器会生成相应的 TGT 票据，打上时间戳，在本地数据库中查找该用户的密码，并用该密码对 TGT 进行加密，将结果发还给客户端用户。该操作仅在用户登录或者 kinit 申请的时候进行。客户端收到该信息，并使用自己的密码进行解密之后，就能得到 TGT 票据。这个 TGT 会在一段时间之后失效，也有一些程序（session manager）能在用户登录期间进行自动更新。当客户端用户需要使用一些特定服务（Kerberos 术语中用“principal”表示）的时候，该客户端就发送 TGT 到 KDC 服务器中的 TGS 服务。当该用户的 TGT 验证通过并且其有权访问所申请的服务时，TGS 服务会生成一个该服务所对应的 ticket 和 session key，并发还给客户端。客户端将服务请求与该 ticket 一并发送给相应的服务端即可。

参考答案

（45）B

试题（46）、（47）

SSL 的子协议主要有记录协议、＿（46）＿，其中＿（47）＿用于产生会话状态的密码参数、协商加密算法及密钥等。

（46）A．AH 协议和 ESP 协议　　B．AH 协议和握手协议

C．警告协议和握手协议　　D．警告协议和 ESP 协议

（47）A．AH 协议　　B．握手协议　　C．警告协议　　D．ESP 协议

试题（46）、（47）分析

本题考查 SSL 协议的基础知识。

SSL 的子协议包含记录协议、握手协议和警告协议。

其中握手协议是客户机和服务器使用 SSL 连接通信时使用的第一个子协议，握手协议包括客户机与服务器之间的一系列消息。该协议允许服务器和客户机相互验证，协商加密和 Max 算法以及保密密钥，用来保护在 SSL 记录中发送的数据，该协议在应用程序和数据传输之前使用。

记录协议在客户机和服务器握手成功后使用，即客户机和服务器鉴别对方和确定安全信息交换使用的算法后，进入 SSL 记录协议，该协议提供两种服务：保密性和完整性。

警告协议是当客户机和服务器发现错误时，向对方发送一个警报消息。如果是致命的错误，则算法立即关闭 SSL 连接，双方还会先删除相关的会话号、秘密和密钥。

参考答案

（46）C　（47）B

试题（48）

提高网络的可用性可以采取的措施是__（48）__。

（48）A．数据冗余　　B．链路冗余　　C．软件冗余　　D．电源冗余

试题（48）分析

本题考查网络的可用性基础知识。

提高网络的可用性可以采取的措施是链路冗余。

参考答案

（48）B

试题（49）

路由器收到一个 IP 数据报，在对其首部进行校验后发现存在错误，该路由器有可能采取的动作是__（49）__。

（49）A．纠正该数据报错误　　B．转发该数据报
　　C．丢弃该数据报　　D．通知目的主机数据报出错

试题（49）分析

本题考查 IP 数据报处理基础知识。

当路由器接收到一个出错的报文后，丢弃之并向源主机发 ICMP 报文报告差错。

参考答案

（49）C

试题（50）

某 Web 网站使用 SSL 协议，该网站域名是 www.abc.edu.cn，用户访问该网站使用的 URL 是__（50）__。

（50）A．http://www.abc.edu.cn　　B．https://www.abc.edu.cn
　　C．rtsp://www.abc.edu.cn　　D．mns://www.abc.edu.cn

试题（50）分析

本题考查 SSL 协议基础知识。

网站使用 SSL 协议，该网站域名是 www.abc.edu.cn，用户访问该网站使用的 URL 是 https://www.abc.edu.cn。

参考答案

（50）B

试题（51）

下列选项中，不属于五阶段网络开发过程的是__（51）__。

（51）A．通信规范分析　　B．物理网络设计
　　C．安装和维护　　D．监测及性能优化

试题（51）分析

本题考查五阶段网络开发过程方面的基础知识。

五阶段网络开发过程包含：

- 需求分析；
- 现有的网络体系分析，即通信规范分析；
- 确定网络逻辑结构，即逻辑网络设计；
- 确定网络物理结构，即物理网络设计；
- 安装和维护。

因此，上述选项中监测及性能优化不属于五阶段网络开发过程。

参考答案

（51）D

试题（52）

网络需求分析是网络开发过程的起始阶段，收集用户需求最常用的方式不包括__（52）__。

（52）A．观察和问卷调查　　B．开发人员头脑风暴
　　C．集中访谈　　D．采访关键人物

试题（52）分析

本题考查网络需求分析方面的基础知识。

收集用户需求最常用的三种方式是：

- 观察和问卷调查；
- 集中访谈；
- 采访关键人物。

因此，上述选项中开发人员头脑风暴不属于收集用户需求的常用方式。

参考答案

（52）B

试题（53）

可用性是网络管理中的一项重要指标。假定一个双链路并联系统，每条链路可用性均为 0.9；主机业务的峰值时段占整个工作时间的 60%，一条链路只能处理总业务量的 80%，需

要两条链路同时工作方能处理全部请求，非峰值时段约占整个工作时间的 40%，只需一条链路工作即可处理全部业务。整个系统的平均可用性为＿（53）＿。

（53）A．0.8962　　B．0.9431　　C．0.9684　　D．0.9861

试题（53）分析

本题考查网络可用性的计算。

计算过程如下：

A_f（非峰值时间）=1.0×0.18+1.0×0.81=0.99

A_f（峰值时间）=0.8×0.18+1.0×0.81=0.954

A_f（平均）=0.6×A_f（峰值时间）+0.4×A_f（非峰值时间）=0.9684

参考答案

（53）C

试题（54）、（55）

为了保证网络拓扑结构的可靠性，某单位构建了一个双核心局域网络，网络结构如下图所示。

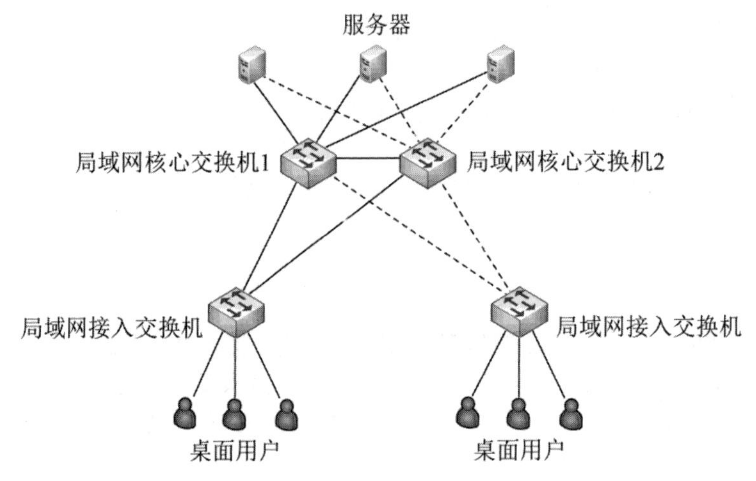

对比单核心局域网络结构和双核心局域网络结构，下列描述中错误的是＿（54）＿。

双核心局域网络结构通过设置双重核心交换机来满足网络的可靠性需求，冗余设计避免了单点失效导致的应用失效。下列关于双核心局域网络结构的描述中错误的是＿（55）＿。

（54）A．单核心局域网络核心交换机单点故障容易导致整网失效

B．双核心局域网络在路由层面可以实现无缝热切换

C．单核心局域网络结构中桌面用户访问服务器效率更高

D．双核心局域网络结构中桌面用户访问服务器可靠性更高

（55）A．双链路能力相同时，在核心交换机上可以运行负载均衡协议均衡流量

B．双链路能力不同时，在核心交换机上可以运行策略路由机制分担流量

C．负载分担通过并行链路提供流量分担提高了网络的性能

D．负载分担通过并行链路提供流量分担提高了服务器的性能

试题（54）、（55）分析

本题考查单核心局域网络结构和双核心局域网络结构方面的知识。

单核心局域网结构主要由一台核心二层或三层交换设备构建局域网络的核心，通过多台接入交换机接入计算机，该网络一般通过与核心交换机互连的路由设备（路由器或防火墙）接入广域网中。双核心结构主要由两台核心交换设备构建局域网核心，该网络一般也是通过与核心交换机互连的路由设备接入广域网，并且路由器与两台核心交换设备之间都存在物理链路。双核心结构分析如下：

- 核心交换设备在实现上多采用三层交换机或多层交换机；
- 核心交换设备之间运行特定的网关保护或负载均衡协议，例如 HSRP、VRRP、GLBP 等；
- 网络拓扑结构可靠；
- 路由层面可以实现无缝热切换；
- 部门局域网络访问核心局域网以及相互之间多条路径选择可靠性更高；
- 核心交换设备和桌面计算机之间，存在接入交换设备，接入交换设备同时和双核心存在物理连接；
- 所有服务器都直接同时连接至两台核心交换机，借助于网关保护协议，实现桌面用户对服务器的高速访问。

单核心局域网结构中核心交换机是网络的故障单点，容易导致整网失效；双核心局域网络在路由层面可以实现无缝热切换；双核心局域网络结构中部门局域网络访问核心局域网以及相互之间存在多条路径选择，可靠性更高。单核心局域网络结构中桌面用户访问服务器的效率并不会比双核心局域网络更高。

双核心局域网络结构中核心交换设备之间运行特定的网关保护或负载均衡协议，双链路能力相同时，在核心交换机上可以运行负载均衡协议均衡流量；双链路能力不同时，在核心交换机上可以运行策略路由机制分担流量。负载分担通过并行链路提供流量分担可以提高网络的性能，并不能提高服务器的性能。服务器性能的提高可以采用服务器冗余和负载均衡设计。对网络的冗余设计不等于对服务器的冗余设计。

参考答案

（54）C　（55）D

试题（56）～（58）

某高校拟全面进行无线校园建设，要求实现室内外无线网络全覆盖，可以通过无线网访问所有校内资源，非本校师生不允许自由接入。

在室外无线网络建设过程中，宜采用的供电方式是__（56）__。

本校师生接入无线网络的设备 IP 分配方式宜采用__（57）__。

对无线接入用户进行身份认证，只允许在学校备案过的设备接入无线网络，宜采用的认证方式是__（58）__。

（56）A．太阳能供电　　B．地下埋设专用供电电缆
　　　C．高空架设专用供电电缆　　D．以 POE 方式供电

（57）A．DHCP 自动分配　　B．DHCP 动态分配

C．DHCP 手动分配　D．设置静态 IP

（58）A．通过 MAC 地址认证　B．通过 IP 地址认证

C．通过用户名与密码认证　D．通过用户物理位置认证

试题（56）～（58）分析

本题考查无线网络构建方面的知识。

在园区网络中，无线局域网络可以满足移动用户对内部网络和因特网的接入需求。一个无线局域网络是由 AP 设备组成。要在校园室内外进行无线网络建设，太阳能供电不合适，也不需要铺设专用的供电电缆，可以在现有的供电和有线网络设施的基础上，采用 POE 方式供电。

DHCP 支持三种 IP 地址分配方法：

- 自动分配：服务器为客户机分配一个永久的 IP 地址。
- 动态分配：服务器在一个有限的时间段内，为客户机分配一个 IP 地址，在使用完毕后予以回收。
- 手工分配：由网络管理员为客户机分配一个永久 IP 地址，DHCP 仅用于将手工分配的地址传送给客户机。

本校师生接入无线网络的设备 IP 分配方式宜采用 DHCP 动态分配方式，通过租用机制，可以保证有限的地址为大量的不同时段的客户机提供地址分配服务，并且动态分配地址减少了管理人员的工作量。

每名师生可能会有多个设备需要接入校园无线网络，每个设备都有唯一的 MAC 地址。对无线接入用户进行身份认证，只允许在学校备案过的设备接入无线网络，可以采用通过 MAC 地址进行身份认证的方式。

参考答案

（56）D　（57）B　（58）A

试题（59）

在五阶段网络开发过程中，网络技术选型和网络可扩充性能的确定是在＿（59）＿阶段。

（59）A．需求分析　B．逻辑网络设计

C．物理网络设计　D．通信规范设计

试题（59）分析

本题考查五阶段网络开发过程方面的基础知识。

网络的逻辑结构设计，来自于用户需求中描述的网络行为、性能等要求，逻辑设计根据网络用户的分类和分布选择特定的技术，形成特定的网络结构，该网络结构大致描述了设备的互联及分布，但是不对具体的物理位置和运行环境进行确定。具体工作包括：网络结构的设计、物理层技术的选择、局域网/广域网技术选择等。在选择网络技术时，不能仅考虑当前的需求，设计人员应充分考虑网络的可扩充性，在设计中预留一定的冗余。

因此，网络技术选型和网络可扩充性能的确定是在逻辑网络设计阶段。

参考答案

（59）B

试题（60）

按照 IEEE 802.3 标准，以太帧的最大传输效率为＿（60）＿。

（60）A．50%　　B．87.5%　　C．90.5%　　D．98.8%

试题（60）分析

本题考查的是以太帧相关知识。

以太帧最长为 1518 字节，其中数据字段字长 500 字节，故最大传输效率为：

1500/1518=98.8%

参考答案

（60）D

试题（61）

光纤本身的缺陷，如制作工艺和石英玻璃材料的不均匀会对光纤传输产生＿（61）＿现象。

（61）A．瑞利散射　　B．菲涅尔反射　　C．声放大　　D．波长波动

试题（61）分析

本题考查光纤性能的相关知识。

瑞利散射是由于光纤折射率在微观上的随机起伏所引起的，这种材料折射率的不均匀性使光波产生散射，是光纤材料固有的一种损耗，是无法避免的。

参考答案

（61）A

试题（62）

以下关于 CMIP（公共管理信息协议）的描述中，正确的是＿（62）＿。

（62）A．由 IETF 制定　　B．针对 TCP/IP 环境
　　C．结构简单，易于实现　　D．采用报告机制

试题（62）分析

本题考查的是网络管理协议的相关知识。

CMIP 中采用可靠 ISO（ISO-reliable）面向连接传输机制并内置安全机制，其功能包括：访问控制、认证和安全日志（security log）。管理信息在网络管理应用程序和管理代理之间交换。管理对象是管理设备的一个特征且可以被监控、修改或控制等，并能完成各种作业。CMIP 在异常网络条件下相对于 SNMP 具有更好的报告功能。

参考答案

（62）D

试题（63）、（64）

下列测试指标中，属于光纤指标的是＿（63）＿，设备＿（64）＿可在光纤的一端就测得光纤传输上的损耗。

（63）A．波长窗口参数　　B．线对间传播时延差
　　C．回波损耗　　D．近端串扰

（64）A．光功率计　　B．稳定光源
　　C．电磁辐射测试笔　　D．光时域反射仪

试题（63）、（64）分析

本题考查的是光纤检测的相关知识。

题目中考查的波长窗口参数指标限于光纤，其他指标适用于电缆链路的指标；光时域反射仪通过打入一连串的光波进入光纤并接收反射讯号来量测光纤的长度、衰减、熔接以及断点等数据。

参考答案

（63）A　（64）D

试题（65）、（66）

在交换机上通过 （65） 查看到下图所示信息，其中 State 字段的含义是 （66） 。

```
Run Method          :VIRTUAL-MAC
Virtual Ip Ping     :Disable
Interface           :Vlan-interface1
VRID                :1                Adver. Time      :1
Admin Status        :up               State            :Master
Config Pri          :100              Run Pri          :100
Preempt Mode        :YES              Delay Time       :0
Auth   Type         :NONE
Virtual IP          :192.168.0.133
Virtual MAC         :0000-5E00-0101
```

（65）A．display vrrp statistics　　B．display ospf peer
C．display vrrp verboses　　D．display ospf neighbor

（66）A．抢占模式　　B．认证类型
C．配置的优先级　　D．交换机在当前备份组的状态

试题（65）、（66）分析

本题考查 VRRP 命令配置的基础知识。

State 字段显示的是交换机在当前备份组的状态。

参考答案

（65）C　（66）D

试题（67）

网络管理员进行巡检时发现某台交换机 CPU 占用率超过 90%，通过分析判断，该交换机是由某些操作/业务导致 CPU 占用率高，造成该现象的可能原因有 （67） 。

①生成树　②更新路由表　③频繁的网管操作
④ARP 广播风暴　⑤端口频繁 up/down　⑥数据报文转发量过大

（67）A．①②③　B．①②③④　C．①②③④⑤　D．①②③④⑤⑥

试题（67）分析

本题考查网络交换机报文转发方面的知识。

交换机需要上报CPU处理的报文有：各种协议控制报文，如STP、LLDP、LNP、LACP、VCMP、DLDP、EFM、GVRP、VRRP等；路由更新报文，如RIP、OSPF、BGP、IS-IS等；SNMP、Telnet、SSH报文；ARP、ND回应报文；组播特性PIM、IGMP、MLD、MSDP协议报文；DHCP协议报文；ARP、ND广播请求报文；L2PT软转发的L2协议报文等。而普通数据报文转发属于硬件转发，不需要上报CPU处理，几乎不占用CPU资源。

参考答案

（67）C

试题（68）

某学校为学生宿舍部署无线网络后，频繁出现网速慢、用户无法登录等现象，网络管理员可以通过哪些措施优化无线网络__（68）__。

①AP功率调整　②人员密集区域更换高密AP

③调整带宽　④干扰调整　⑤馈线入户

（68）A．①②　B．①②③　C．①②③④　D．①②③④⑤

试题（68）分析

本题考查无线网络故障处理方面的知识。

根据故障现象，网管可以通过加大AP功率、调整信号干扰、馈线入户等手段降低终端设备接收AP发出的无线信号的衰减；学生宿舍属于用户密集型应用，同时接入用户数量较大，可以更换高密度接入类型AP设备，增强AP同时接入用户的能力；由于同时上网用户较多，可以提高网络带宽，改善用户网速。

参考答案

（68）D

试题（69）

服务器虚拟化使用分布式存储。与集中共享存储相比，分布式存储__（69）__。

（69）A．虚拟机磁盘IO性能较低　B．建设成本较高

C．可以实现多副本数据冗余　D．网络带宽要求低

试题（69）分析

本题考查虚拟机数据存储方面的知识。

服务器虚拟化的存储方式一般采用集中共享存储和分布式存储（如：超融合、VSAN等）两种方式。当选用分布式存储时，数据存储在本机磁盘，磁盘IO性能较高；为保证数据安全，以多副本方式，存放在多个数据节点，实现数据冗余；数据传输一般利用网络传输，要求有较高的网络带宽；相对集中共享存储模式，不需要购置存储阵列，建设成本有所降低。

参考答案

（69）C

试题（70）

某网络建设项目的安装阶段分为A、B、C、D四个活动任务，各任务顺次进行，无时间上重叠，各任务完成时间估计如下图所示，按照计划评审技术，安装阶段工期估算为__（70）__天。

①—A任务 5–8–11→②—B任务 13–20–33→③—C任务 4–9–14→④—D任务 9–14–25→⑤

（70）A．31　　B．51　　C．53　　D．83

试题（70）分析

本题考查项目进度管理方面的知识。

依据三点估算公式，活动历时均值=(T_o+4×T_m+T_p)/6。其中：T_o表示最乐观的历时估算，T_m表示最可能的历时估算，T_p表示最悲观的历时估算。根据题中每个任务的三个历时估值，可以计算出 A 任务历时均值=8，B 任务历时均值=21，C 任务历时均值=9，D 任务历时均值=15，由此可知，整个安装阶段的工期估算为 53 天。

参考答案

（70）C

试题（71）～（75）

IPSec, also known as the Internet Protocol __(71)__, defines the architecture for security services for IP network traffic. IPSec describes the framework for providing security at the IP layer, as well as the suite of protocols designed to provide that security, through __(72)__ and encryption of IP network packets. IPSec can be used to protect network data, for example, by setting up circuits using IPSec __(73)__, in which all data being sent between two endpoints is encrypted, as with a Virtual __(74)__ Network connection; for encrypting application layer data; and for providing security for routers sending routing data across the public internet. Internet traffic can also be secured from host to host without the use of IPSec, for example by encryption at the __(75)__ layer with HTTP Secure (HTTPS) or at the transport layer with the Transport Layer Security (TLS) protocol.

（71）A．Security　　B．Secretary　　C．Secret　　D．Secondary
（72）A．encoding　　B．authentication　　C．decryption　　D．packaging
（73）A．channel　　B．path　　C．tunneling　　D．route
（74）A．Public　　B．Private　　C．Personal　　D．Proper
（75）A．network　　B．transport　　C．application　　D．session

参考译文

IPSec，也称为 Internet 协议安全，定义了 IP 网络流量安全服务的体系结构。IPSec 描述了在 IP 层提供安全性的框架，以及通过 IP 网络数据包的身份验证和加密来提供安全性的协议套件。IPSec 可用于保护网络数据，例如，通过使用 IPSec 隧道设置环路，在该环路中两个端点之间发送的所有数据都是加密的，就像使用虚拟专用网络连接一样。IPSec 也可以用于加密应用层数据以及为通过公共互联网发送路由数据的路由器提供安全保障。不使用 IPSec 也可以在主机之间保护 Internet 流量，例如在应用层使用 HTTP 安全协议（HTTPS）加密，或者在传输层使用传输层安全协议（TLS）加密。

参考答案

（71）A　（72）B　（73）C　（74）B　（75）C

第8章　2019下半年网络规划设计师下午试题I分析与解答

试题一（共25分）

阅读以下说明，回答问题1至问题4，将解答填入答题纸对应的解答栏内。

【说明】

某物流公司采用云管理平台构建物流网络，如图1-1所示（以1个配送站为例），数据规划如表1-1所示。

项目特点：

1. 单个配送站人员少于20人，仅一台云防火墙就能满足需求；

2. 总部与配送站建立IPSec，配送站通过IPSec接入总部，内部用户需要认证后才有访问网络的权限；

3. 配送站的云防火墙采用IPSec智能选路与总部两台防火墙连接，IPSec智能选路探测隧道质量，当质量不满足时切换另外一条链路；

4. 配送站用户以无线接入为主。

（备注：Agile Controller-Campus是新一代园区与分支网络控制器，支持网络部署自动化、策略自动化、SD-WAN等，让网络服务更加便捷。）

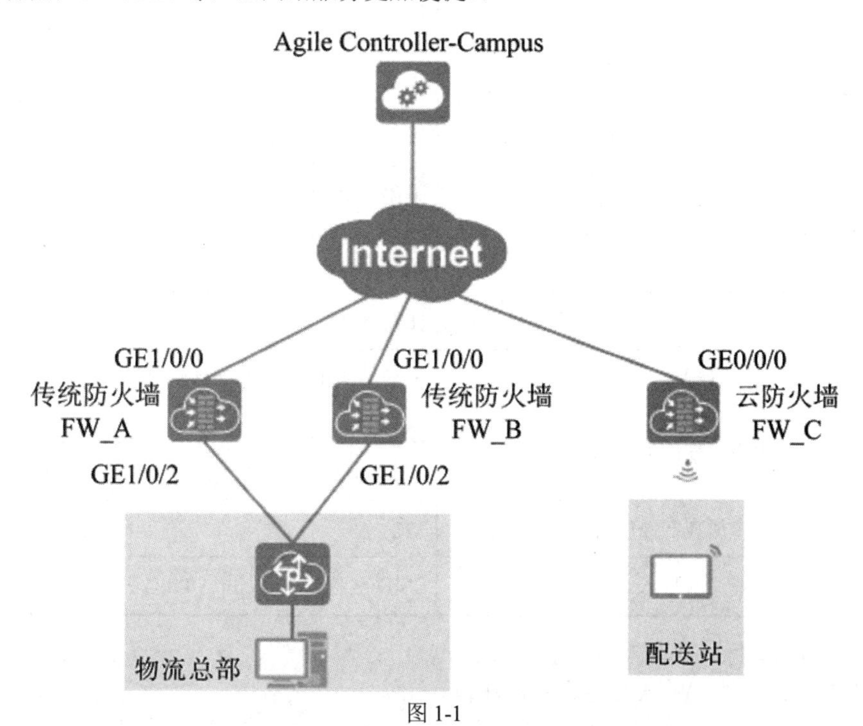

图1-1

表 1-1

设计项	设计要点	设计内容
角色设计	用户账户	用户账号名称/用户账号密码
架构设计	网络拓扑	见图 1-1
	设备选型	云防火墙：USG6510-WL
	站点	站点名称：test_mix；站点类型：FW
	设备接口互联	总部传统防火墙 FW_A 上行连接运营商网络接口：GE1/0/0 下行连接内网交换机接口：GE1/0/2 上行连接运营商网络接口 IP 地址：1.1.1.1/24 下行连接内网交换机接口 IP 地址：10.10.1.1/24 总部传统防火墙 FW_B 上行连接运营商网络接口：GE1/0/0 下行连接内网交换机接口：GE1/0/2 上行连接运营商网络接口 IP 地址：2.2.2.2/24 下行连接内网交换机接口 IP 地址：10.10.1.2/24 云防火墙 FW_C 上行连接运营商网络接口：GE0/0/0 上行连接运营商网络接口 IP 地址：3.3.3.3/24
设备上线设计	网关获取 IP 地址方式	以太网接入，静态 IP 方式，采用命令行配置
	网关注册到 Agile Controller-Campus 方式	采用命令行配置 Agile Controller-Campus 的南向 IP 地址为：192.168.84.208，端口号为：10020
	NAT	在网关（云防火墙）上开启 NAT 功能
用户上线设计	用户管理	配送站职工（无线接入）
	用户终端的 IP 地址	DHCP 方式获取，IP 地址范围为：10.1.2.0/24 DHCP Server：云防火墙 FW_C
	用户所属的 VLAN	222
	无线终端接入 SSID 与认证方式	SSID 名称为 test-emp；PSK 认证

【问题 1】（10 分）

补充传统防火墙 FW_A 配置命令的注释。

```
#  (1)
```

```
<FW_A> system-view
[FW_A] interface GigabitEthernet 1/0/0
[FW_A-GigabitEthernet1/0/0] ip address 1.1.1.1 24
[FW_A-GigabitEthernet1/0/0] gateway 1.1.1.254
[FW_A-GigabitEthernet1/0/0] service-manage enable
[FW_A-GigabitEthernet1/0/0] service-manage ping permit
[FW_A-GigabitEthernet1/0/0] quit
[FW_A] interface GigabitEthernet 1/0/2
[FW_A-GigabitEthernet1/0/2] ip address 10.10.1.1 24
[FW_A-GigabitEthernet1/0/2] quit
#__(2)__
[FW_A] firewall zone trust
[FW_A-zone-trust] add interface GigabitEthernet 1/0/2
[FW_A-zone-trust] quit
[FW_A] firewall zone untrust
[FW_A-zone-untrust] add interface GigabitEthernet 1/0/0
[FW_A-zone-untrust] quit
#__(3)__
[FW_A] security-policy
[FW_A-policy-security] rule name 1
[FW_A-policy-security-rule-1] source-zone trust
[FW_A-policy-security-rule-1] destination-zone untrust
[FW_A-policy-security-rule-1] source-address 10.10.1.0 24
[FW_A-policy-security-rule-1] destination-address 10.1.2.0 24
[FW_A-policy-security-rule-1] action permit
[FW_A-policy-security-rule-1] quit
[FW_A-policy-security] rule name 2
[FW_A-policy-security-rule-2] source-zone untrust
[FW_A-policy-security-rule-2] destination-zone trust
[FW_A-policy-security-rule-2] source-address 10.1.2.0 24
[FW_A-policy-security-rule-2] destination-address 10.10.1.0 24
[FW_A-policy-security-rule-2] action permit
[FW_A-policy-security-rule-2] quit
#__(4)__
[FW_A-policy-security] rule name 3
[FW_A-policy-security-rule-3] source-zone local
[FW_A-policy-security-rule-3] destination-zone untrust
[FW_A-policy-security-rule-3] source-address 1.1.1.1 32
[FW_A-policy-security-rule-3] destination-address 3.3.3.3 32
[FW_A-policy-security-rule-3] action permit
[FW_A-policy-security-rule-3] quit
[FW_A-policy-security] rule name 4
[FW_A-policy-security-rule-4] source-zone untrust
[FW_A-policy-security-rule-4] destination-zone local
[FW_A-policy-security-rule-4] source-address 3.3.3.3 32
```

```
[FW_A-policy-security-rule-4] destination-address 1.1.1.1 32
[FW_A-policy-security-rule-4] action permit
[FW_A-policy-security-rule-4] quit
# (5)
[FW_A] acl 3000
[FW_A-acl-adv-3000] rule permit ip source 10.10.1.0 0.0.0.255 destination
10.1.2.0 0.0.0.255
[FW_A-acl-adv-3000] rule permit icmp source 1.1.1.1 0 destination 3.3.3.3 0
[FW_A-acl-adv-3000] quit
# (6)
[FW_A] ipsec proposal tran1
[FW_A-ipsec-proposal-tran1] encapsulation-mode tunnel
[FW_A-ipsec-proposal-tran1] transform esp
[FW_A-ipsec-proposal-tran1] esp authentication-algorithm sha2-256
[FW_A-ipsec-proposal-tran1] esp encryption-algorithm aes-256
[FW_A-ipsec-proposal-tran1] quit
# (7)
[FW_A] ike proposal 10
[FW_A-ike-proposal-10] authentication-method pre-share
[FW_A-ike-proposal-10] authentication-algorithm sha2-256
[FW_A-ike-proposal-10] integrity-algorithm aes-xcbc-96 hmac-sha2-256
[FW_A-ike-proposal-10] quit
# (8)
[FW_A] ike peer b
[FW_A-ike-peer-b] ike-proposal 10
[FW_A-ike-peer-b] pre-shared-key Test@12345
[FW_A-ike-peer-b] undo version 2
[FW_A-ike-peer-b] quit
# (9)
[FW_A] ipsec policy-template map_temp 1
[FW_A-ipsec-policy-template-map_temp-1] security acl 3000
[FW_A-ipsec-policy-template-map_temp-1] proposal tran1
[FW_A-ipsec-policy-template-map_temp-1] ike-peer b
[FW_A-ipsec-policy-template-map_temp-1] quit
# (10)
[FW_A] ipsec policy map1 10 isakmp template map_temp
[FW_A] interface GigabitEthernet 1/0/0
[FW_A-GigabitEthernet1/0/0] ipsec policy map1
[FW_A-GigabitEthernet1/0/0] quit
```

（1）～（10）备选答案：

A．配置 IKE Peer

B．引用安全策略模板并应用到接口

C．配置访问控制列表

D．配置序号为 10 的 IKE 安全提议

E．配置接口加入安全域

F．允许封装前和解封后的报文能通过 FW_A

G．配置接口 IP 地址

H．配置名称为 tran1 的 IPSec 安全提议

I．配置名称为 map_temp、序号为 1 的 IPSec 安全策略模板

J．允许 IKE 协商报文能正常通过 FW_A

【问题 2】（4 分）

物流公司进行用户（配送站）侧验收时，在配送站 FW_C 上查看 IPSec 智能选路情况如下图所示，则配送站智能接入的设备是__（11）__，该选路策略在__（12）__设备上配置。

```
<FW_C>display ipsec smart-link profile
==================================================================
 Name                           :8864a216e7914f6
 Detection number               :10
 Detection interval             :1
 Detection source IP            :3.3.3.3
 Detection destination IP       :1.1.1.1
 Cycles                         :3
 Switched times                 :0
 Switch mode                    :detection -based
 State                          :enable
IPSec policy alias              :5528010a-3e60-49a0-93a1-3e5c7ef508c2
link list:
 ID local-address    remote-address   loss(%) delay(ms) state
1   3.3.3.3       1.1.1.1       0        7          active
2   3.3.3.3       2.2.2.2       100      --         inactive
==================================================================
```

【问题 3】（5 分）

物流公司组建该网络相比传统网络体现出哪些优势？

【问题 4】（6 分）

简要说明该云管理网络构建及运营与 MSP（Managed Services Provider）的区别。

试题一分析

本题考查云管理园区解决方案的部署相关知识。

云管理园区解决方案利用云计算技术，通过互联网实现异地多分支网络的自动化和集中化管理。Agile Controller-Campus 是华为推出的新一代园区与分支网络控制器，是华为智简

园区解决方案的核心组件，支持园区和多分支网络的自动化部署，CloudWAN 融合管理等创新方案，帮助企业降低 OPEX 运维成本，加速业务上云与数字化转型，让网络管理更便捷，让网络运维更智能。

该网络部署两台传统防火墙 FW_A、FW_B，分别通过一条链路接入 Internet。

配送站部署一台云 FW_C，通过一条链路接入 Internet。总部两台防火墙 FW_A、FW_B 工作在传统模式，配置可通过命令行或者 Web 网管。

FW_C 通过 Agile Controller-Campus 进行管理，配置均通过 Agile Controller-Campus 下发。FW_C 配置无线业务，为配送站提供无线网络服务。FW_C 与总部两台传统防火墙 FW_A、FW_B 建立 IPSec 隧道，FW_C 首先与 FW_A 建立 IPSec 隧道，当 FW_C 与 FW_A 之间链路丢包严重或时延过高时，能自动切换到与 FW_B 建立新的 IPSec 隧道。

【问题 1】

本问题考查通过防火墙配置 IPSec 的基本知识及应用。

采用 IKE 协商方式建立 IPSec 配置思路包括：

（1）配置接口的 IP 地址和端到端的静态路由，保证两端路由可达；

（2）配置 ACL，定义需要 IPSec 保护的数据流；

（3）配置 IPSe 安全提议，定义 IPSec 的保护方法；

（4）配置 IKE 对等体，定义对等体间 IKE 协商时的属性；

（5）配置安全策略并引用安全提议和 IKE 对等体，确定对数据流的保护方式；

（6）在接口上应用安全策略组，使接口具有 IPSec 保护功能。

【问题 2】

根据表 1-1 网络规划，在配送站 FW_C 上查看 IPSec 配送站智能接入的设备对应的是 FW_A。FW_C 通过 Agile Controller-Campus 进行管理和下发。

【问题 3】

云管理园区网络是网络规划与建设的一种新模式，具有部署简便、容易维护、集中管理众多优势。具体来讲包括：

（1）基于云网规、云部署、云网优、云巡检等自然语言的用户策略编排，实现网络、业务的快速部署及智能化管理，提升效率，降低网络建设及运维成本。

（2）支持多租户网络服务，业务分钟级上线；Wi-Fi/IoT 融合架构，多网合一，降低总成本。

（3）基于 Telemetry 技术，每用户每应用每时刻可视；基于历史和实时数据智能预测网络故障。

（4）通过 Agile Controller-Campus 开放的接口与其他业务系统（如大数据等）对接，向租户提供客流分析等丰富的增值应用服务，实现多行业多应用等。

【问题 4】

本问题考查云网络的运营模式。

用户自建网络与 MSP（Managed Services Provider）网络的主要区别在于运营维护的主体不同，授权方式不同，网络规模不同等几个方面。

参考答案

【问题 1】

（1）G

（2）E

（3）F

（4）J

（5）C

（6）H

（7）D

（8）A

（9）I

（10）B

【问题 2】

（11）FW_A

（12）Agile Controlle-Campus

【问题 3】

1. 利用云计算机技术；
2. 实现了异地多分支自动化和集中化管理；
3. 用户快速部署简化管理；
4. 降低成本；
5. 开放平台应用丰富；
6. 智能预测网络故障。

【问题 4】

1. MSP 构建的是公有云，物流公司构建的是私有云。

2. 该网络物流公司自行完成业务配置与运维；MSP 运营模式下，企业可以自行完成业务配置与运维，也可以交由 MSP 代维代建。

3. 两者授权方式不同。

试题二（共 25 分）

阅读下列说明，回答问题 1 至问题 4，将解答填入答题纸的对应栏内。

【说明】

图 2-1 为某政府部门新建大楼网络设计拓扑图，根据业务需求，共有 3 条链路接入，分别连接电子政务外网、Internet 互联网、电子政务内网（涉密网），其中，机要系统通过电子政务内网访问上级部门机要系统，并由加密机进行数据加密。3 条接入链路共用大楼局域网，通过 VLAN 逻辑隔离。大楼内部署有政府服务系统集群，对外提供政务服务，建设有 4 个视频会议室，部署视频会议系统，与上级单位和下级各部门召开业务视频会议及项目评审会议等，要求录播存储，录播系统将视频存储以 NFS 格式挂载为网络磁盘，存储视频文件。

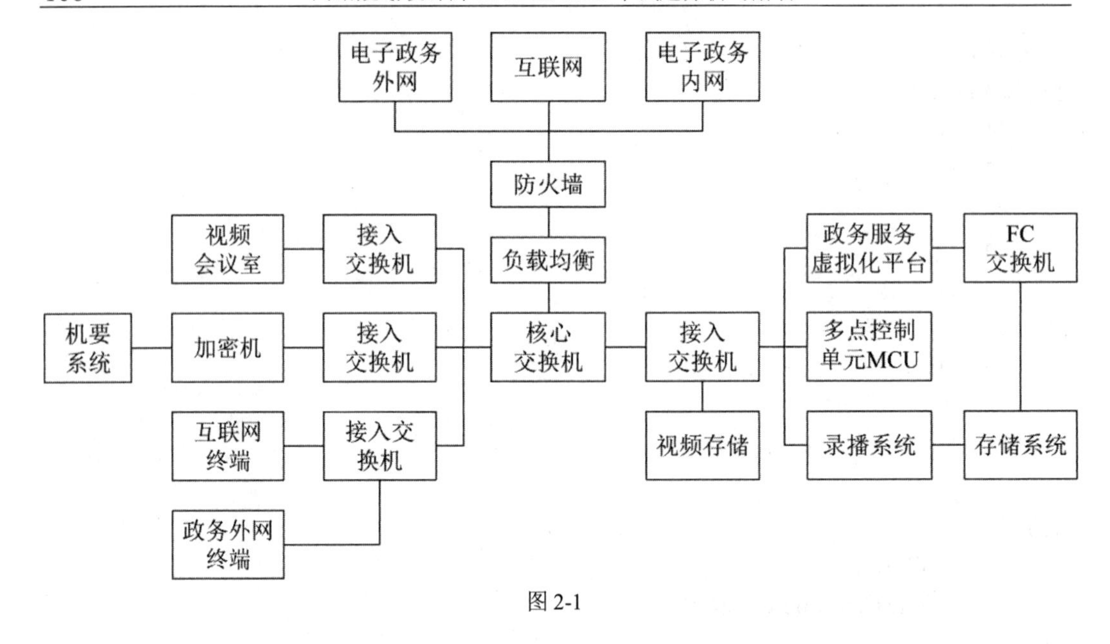

图 2-1

【问题 1】（9 分）

（1）图 2-1 所示设计的网络结构为大二层结构，简述该网络结构各层的主要功能和作用并简要说明该网络结构的优缺点。

（2）图 2-1 所示网络设计中，如何实现互联网终端仅能访问互联网、电子政务外网终端仅能访问政务外网、机要系统仅能访问电子政务内网？

（3）机要系统和电子政务内网设计是否违规？请说明原因。

【问题 2】（6 分）

（4）视频会议以 1080p 格式传输视频，码流为 8Mbps，请计算每个视频会议室每小时会占用多少存储空间（单位要求 MB 或者 GB），并说明原因。

（5）每个视频会议室每年使用约 100 天（每天按 8 小时计算），视频文件至少保存 2 年。图 2-1 中设计的录播系统将视频存储挂载为网络磁盘，存储视频文件，该存储系统规划配置 4TB（实际容量按 3.63TB 计算）磁盘，RAID6 方式冗余，设置全局热备盘 1 块，请计算该存储系统至少需要配置多少块磁盘并说明原因。

【问题 3】（6 分）

（6）各视频会议室的视频终端和 MCU 是否需要一对一做 NAT，映射公网 IP 地址？请说明原因。

（7）召开视频会议使用的协议是什么？需要在防火墙开放的 TCP 端口是什么？

【问题 4】（4 分）

图 2-1 所示的虚拟化平台连接的存储系统连接方式是___（8）___，视频存储的连接方式是___（9）___。

试题二分析

本题考查网络规划设计的相关知识。

此类题目要求考生掌握层次化网络设计模型，熟悉不同层次的设备组成和作用；掌握存储系统知识，熟悉 RAID6 的技术特点、性能特点等知识；掌握安全防护知识，熟悉 NAT 地址映射、防火墙访问控制等应用，考生须具备一定工程实践经验。

【问题 1】

（1）层次化网络设计模型帮助设计者按层次设计网络结构，并对不同层次赋予特定的功能，为不同层次选择正确的设备和系统，常见的三层层次化模型主要将网络划分为核心层、汇聚层和接入层，每一层都有着特定的作用。核心层提供不同区域或者下层的高速连接和最优传送路径；汇聚层将网络业务连接到接入层，并且实施与安全、流量负载和路由相关的策略；接入层为局域网接入广域网或者终端用户访问网络提供接入。在实际应用中，常采用取消汇聚层的网络设计模型，仅由核心层和接入层组成，俗称“大二层”网络结构，接入层为终端用户访问网络提供接入，并提供 VLAN 划分、端口隔离等功能；核心层主要提供路由、DHCP、认证、安全管理等功能。大二层网络结构的优点是组网简单，主要功能集中于核心交换机上，各接入层配置简单，由于网络层次更加扁平化，管理维护简单，常用于一些需求简单的中小型网络、数据中心网络或虚拟化应用中。大二层网络结构的缺点是由于二层网络处于同一个广播域下或者一个较大的广播域下，广播报文在环路中会反复持续传送，而二层报文转发没有 TTL 机制，容易形成广播风暴，故该网络模型不适用大规模复杂网络，可以采用划分 VLAN 缩小广播域的方式来避免广播风暴的形成。

（2）策略路由是一种基于目标/源网络进行数据包路由转发机制。要实现互联网终端访问互联网、电子政务外网终端仅能访问电子政务外网等业务需求，需要在路由设备上配置基于源地址的策略路由。

（3）从题干描述得知，电子政务内网为涉密网络，上述设计中，涉密网络和非涉密网络仅进行了逻辑隔离，不符合涉密网络设计规范，必须进行物理隔离，并根据涉密信息系统分级保护制度，采取相应的技术防护措施和管理模式实施保护。

【问题 2】

码流为 8Mb/s，即传输速率：8Mb/s/8=1Mb/s，一小时占用存储空间：3600s×1Mb/s=3600MB 或者≈3.5GB。

2 年至少需要占用空间：2 年×100 天×8 小时×3600MB×4 个视频会议室≈22TB，4TB 磁盘按照每块实际可用容量 3.63TB 计算，22T 至少需要配备 7 块磁盘，由于 RAID6 的可用磁盘数为 N–2 块，所以采用 RAID6 冗余方式至少需要 7+2=9 块磁盘，再加 1 块全局热备盘，至少需要配备 10 块磁盘。

【问题 3】

由于该设计中包含了 MCU 多点控制单元，召开视频会议时 MCU 作为核心，连接局域网内的视频会议终端和互联网上其他参会终端，所以，各会议室的视频会议终端不需要配置一对一的 NAT 映射公网 IP 地址，使用局域网 IP 地址和 MCU 连接；由于互联网参会视频终端需要连接 MCU，所以 MCU 需要配置一对一 NAT 映射公网 IP 地址，供互联网参会视频终端访问连接。

目前常见的视频会议，一是基于单播网络和 H.323 协议族的视频会议；二是基于组播网络和开放软件的视频会议。基于单播网络和 H.323 协议的视频会系统，通过多点控制单元（MCU）

建立视频会议网络的控制平台，实现视频会议终端任意多点的视频会议功能，从理论上说只要IP 网络铺设到的地方均可以安装视频会议终端，成为会议室或远程会议点。基于 IP 组播网络的视频会议系统利用 IP 组播（Multicast）技术可构建具有组播能力的网络，允许路由器一次将数据包复制到多个通道上，降低了网络带宽要求，有效节省传输带宽，同时，IP 组播视频会议系统平台不需要 MCU，通过软件来实现视频会议终端任意多点的视频会议功能，大大节省了系统成本。上述设计方案中采用的是基于单播网络和 H.323 协议族的视频会议，使用的是 H.323 协议族，该协议的连接端口是 TCP1720，故需要在防火墙上开放该端口。

【问题 4】

虚拟化平台通过 FC 交换机连接存储系统，其连接方式为 FC–SAN；视频存储通过网络交换机接入网络，录播系统将视频存储以 NFS 格式挂载为网络磁盘，其连接方式为 NAS。

参考答案

【问题 1】

（1）大二层网络结构包括接入层和核心层。接入层主要作用：终端接入、VLAN 划分、端口隔离等；核心层主要作用：路由、DHCP、认证、安全管理等。优点：组网简单、配置简洁、方便管理、易于部署、易维护；缺点：容易形成广播风暴、不适用大规模复杂网络。

（2）在负载均衡设备上，配置基于源地址的策略路由。

（3）是。涉密网络与非涉密网络必须物理隔离，并且根据涉密信息系统分级保护制度，采取相应的技术防护措施和管理模式实施保护。

【问题 2】

（4）码流为 8Mb/s，即传输速率：8Mb/s/8=1Mb/s，一小时占用存储空间：3600s×1Mb/s=3600MB 或者≈3.5GB。

（5）2 年至少需要占用空间：2 年×100 天×8 小时×3600MB×4 个≈22TB，按照每块磁盘实际可用容量 3.63TB 计算，22T 至少需要 7 块磁盘，加上 RAID6 的 2 块校验盘和 1 块全局热备盘，至少需要 10 块磁盘。

【问题 3】

（6）视频终端不需要。召开视频会议时，由 MCU 连接各会场的视频终端，召开多方会议；局域网以外的其他部门的视频终端通过互联网访问 MCU，所以需要对 MCU 配置一对一NAT，映射公网 IP，以供外部访问；而局域网内的视频终端使用内网 IP 就可以访问 MCU，不需要映射公网 IP。

（7）使用 H.323 协议，需要在防火墙开放 TCP 1720 端口。

【问题 4】

（8）FC-SAN

（9）NAS

试题三（共 25 分）

回答问题 1 至问题 3，将解答填入答题纸对应的解答栏内。

【问题 1】（4 分）

安全管理制度管理、规划和建设为信息安全管理的重要组成部分，一般从安全策略、安全预案、安全检查、安全改进等方面加强安全管理制度建设和规划。其中，__(1)__应定义安全管理机构、等级划分、汇报处置、处置操作、安全演练等内容；__(2)__应该以信息安全的总体目标、管理意图为基础，是指导管理人员行为、保护信息网络安全的指南。

【问题 2】（11 分）

某天，网络管理员发现 Web 服务器访问缓慢，无法正常响应用户请求，通过检查发现该服务器 CPU 和内存资源使用率很高、网络带宽占用率很高，进一步查询日志，发现该服务器与外部未知地址有大量的 UDP 连接和 TCP 半连接，据此初步判断该服务器受到__(3)__和__(4)__型的分布式拒绝服务攻击（DDoS），可以部署__(5)__设备进行防护。这两种类型的 DDoS 攻击的原理是__(6)__、__(7)__。

（3）～（4）备选答案（每个选项仅限选一次）：

A．Ping 洪流攻击　　B．SYN 泛洪攻击

C．Teardrop 攻击　　D．UDP 泛洪攻击

（5）备选答案：

A．抗 DDos 防火墙　　B．Web 防火墙

C．入侵检测系统　　D．漏洞扫描系统

【问题 3】（10 分）

网络管理员使用检测软件对 Web 服务器进行安全测试，图 3-1 为测试结果的片段信息，从测试结果可知该 Web 系统使用的数据库软件为__(8)__，Web 服务器软件为__(9)__，该 Web 系统存在__(10)__漏洞，针对该漏洞应采取__(11)__、__(12)__等整改措施进行防范。

```
D:\Sqlmap>Sqlmap.py -u “http://www.xxx.com/mg/login.action” -p talenttype
– dbs – batch – level 3 – risk 2 – random-agent
 [21:18:35] [INFO] testing connection to the target URL
 Sqlmap identified the following injection point(s) with a total of 296 HTTP(s)
requests:
 ---
 Parameter:talenttype (GET)
    Type:boolean-based blind
    Title:AND boolean-based blind – WHERE or HAVING clause
    Payload:talenttype=‘1’ AND 5707=5707 AND ‘00wB’=‘00wB’
 ---
 [21:20:03] [INFO] testing MySQL
 [21:20:03] [INFO] confirming MySQL
 [21:20:03] [INFO] the back-end DBMS is MySQL
 web application technology:Apache 2.4.20
 back-end DBMS:MySQL >= 5.0.0
 ……
 Available database [6]:
 [*] ecp
 [*] information_schema
 [*] mysql
 [*] performance_schema
 [*] sys
 [*] webData
```

图 3-1

试题三分析

本题考查信息安全管理和信息系统安全防护的相关知识。

此类题目要求考生熟悉常用安全防护设备的作用和部署方式，具备常见网络攻击、Web 漏洞的识别和防范能力，熟悉分布式拒绝服务攻击（DDoS）的攻击原理，掌握信息安全管理的相关内容，要求考生具有信息系统安全规划、信息安全管理、防范网络攻击和 Web 攻击的实际经验。

【问题 1】

安全预案是为应对网络与信息安全突发公共事件的应急处理工作，最大限度地减轻或消除网络与信息安全突发事件的危害和影响，确保网络运行安全与信息安全，而编制的信息系统安全应急处置方案。在安全预案中需要明确安全等级划分、安全管理机构、处置机构、处置流程、处置方法等内容。故（1）处应填写安全预案。

安全策略是对信息系统安全管理的目标和意图的描述，是对信息系统安全进行管理和保护的指导原则，是指导管理人员行为、保护信息网络安全的指南，在安全策略的指导下制定安全管理制度、组织实施、检查改进，保证信息系统安全保护工作的整体性、计划性及规范性，确保技术防护措施和管理手段的正确实施，使得信息系统数据的完整性、机密性和可用性受到全面的保护。故（2）处应填写安全策略。

【问题 2】

分布式拒绝服务攻击（DDoS）是对传统 DoS 攻击的发展，攻击者首先侵入并控制一些计算机，然后控制这些计算机同时向一个特定的目标发起拒绝服务攻击。常见类型有 SYN Flood 攻击、UDP Flood 攻击、ICMP Flood 攻击、Connection Flood 攻击等。被 DDoS 攻击时可能的现象有：

（1）被攻击主机上有大量等待的 TCP 连接。

（2）大量到达的数据分组（包括 TCP 分组和 UDP 分组）并不是网站服务连接的一部分，往往指向机器的任意端口。

（3）网络中充斥着大量的无用的数据包，源地址为假。

（4）制造高流量的无用数据，造成网络拥塞，使受害主机无法正常和外界通信。

（5）利用受害主机提供的服务和传输协议上的缺陷，反复发出服务请求，使受害主机无法及时处理所有正常请求。

（6）严重时会造成死机。

SYN 泛洪攻击的原理是利用 TCP 连接的 3 次握手进行攻击，攻击端利用伪造的 IP 地址向被攻击端发出请求，使得被攻击端发出的响应报文发送不到目的地，会造成 3 次握手无法完成，此时连接处于半连接状态，被攻击端会继续发生响应报文，多次重试后，等待一段时间，才会丢弃这个未完成的连接，这个过程会大量消耗服务器的内存资源。如果有大量用户进行这种恶意攻击，服务器为了维护庞大的半连接列表而消耗非常多的资源，以致服务器资源耗尽，无法正常提供服务。

UDP 泛洪攻击原理是攻击者利用简单的 TCP/IP 服务，通过向被攻击端发送大量的 UDP 报文，导致被攻击端忙于处理这些 UDP 报文，而无法处理正常的报文请求或响应，同时网络中会出现大量的 UDP 流量，占用网络带宽。也会利用多播协议，使得多播流量在网络中泛洪，造成网络堵塞，甚至网络瘫痪。

上述 Web 服务器的表现症状符合 SYN Flood 攻击、UDP Flood 攻击，故初步判断该服务器受到 SYN Flood 攻击和 UDP Flood 攻击类型的分布式拒绝服务攻击（DDoS）。

分布式拒绝服务攻击（DDoS）的常用防范包括：

（1）修改系统和软件配置，设置系统的最大连接数、TCP 连接最大时长等配置，拒绝非法连接，修复系统和软件漏洞。

（2）购置抗 DDoS 防火墙等专用设备，通过对数据包的特征识别、端口监视、流量信息监控等手段，阻断非法链接或者引流至沙箱，进行 DDoS 攻击流量清洗。

（3）购买第三方服务进行 DDoS 攻击流量清洗，目前，国内部分电信运营商、安全厂家、云服务商均提供 DDoS 攻击流量清洗服务，一般都是按照清洗流量多少进行收费。

由于 DDoS 攻击隐蔽性强、攻击成本低廉等特性，使得完全消除 DDoS 攻击较难，只能尽可能减小 DDoS 攻击带来的影响。

【问题 3】

从图 3-1 可知，网络管理员使用 Sqlmap 测试工具，对 Web 服务器进行测试，Sqlmap 常用于 SQL 注入漏洞的检查。从测试结果来看，Web 系统存在 SQL 注入漏洞，测试中获取到了数据库的版本、Web 服务器版本和 6 个数据库名（ecp、information_schema、mysql、performance_schema、sys、webData）等关键敏感信息，从获取的信息可知该服务器使用 MySQL 数据库，Web 服务器为 Apache。

SQL 注入漏洞的防护措施包括：部署 Web 防火墙（WAF）或者具备 Web 防护能力的其他系统、修复软件漏洞或者针对 SQL 注入特征进行过滤。

参考答案

【问题 1】

（1）安全预案

（2）安全策略

【问题 2】

（3）B

（4）D

（5）A

（6）SYN 泛洪攻击：利用 TCP 连接的 3 次握手进行攻击，攻击端利用伪造的 IP 地址向被攻击端发出请求，被攻击端发出的响应报文发送不到目的地，造成 3 次握手无法完成，被攻击端会进行重试，在等待一段时间后，丢弃这个未完成的连接。如果有多个用户进行这种恶意攻击，服务器为了维护庞大的半连接列表而消耗非常多的资源，以致服务器资源耗尽，无法正常提供服务。

（7）UDP 泛洪攻击：攻击者利用简单的 TCP/IP 服务，通过向被攻击端发送大量的 UDP 报文，导致被攻击端忙于处理这些 UDP 报文，而无法处理正常的报文请求或响应，同时网络中会出现大量的 UDP 流量，占用网络带宽。也会利用多播协议，使得多播流量在网络中泛洪，造成网络堵塞，甚至网络瘫痪。

【问题 3】

（8）MySQL

（9）Apache

（10）SQL 注入

（11）修复 Web 系统软件漏洞或相近描述

（12）部署 Web 防火墙或具备 Web 防护功能的安全设备

第 9 章　2019 下半年网络规划设计师下午试题 II 写作要点

从下列的 2 道试题（试题一至试题二）中任选 1 道解答。请在答题纸上的指定位置处将所选择试题的题号框涂黑。若多涂或者未涂题号框，则对题号最小的一道试题进行评分。

试题一　论 IPv6 在企业网络中的规划与设计

互联网是关系国民经济和社会发展的重要基础设施，深刻影响着全球经济格局、利益格局和安全格局。我国是世界上较早开展 IPv6 试验和应用的国家，在技术研发、创新应用等方面取得了重要阶段性成果，已具备大规模部署的基础和条件。国家制定并印发了《推进互联网协议第六版（IPv6）规模部署行动计划》，为企业 IPv6 网络的规划和部署提出了具体目标要求。

请围绕“论 IPv6 在企业网络中的规划与设计”论题，依次对以下三个方面进行论述。

1. 简要论述 IPv6 网络部署中涉及的关键技术以及与 IPv4 技术的异同。

2. 详细叙述你参与设计和实施的 IPv6 网络规划与设计方案，包括项目整体规划、网络拓扑、设备选型以及工程的预算与造价等。

3. 分析和评估你所实施的网络项目中遇到的问题和相应的解决方案，以及 IPv6 网络和目前 IPv4 网络的过渡与融合。

写作要点

1. 简要叙述参与设计和实施的 IPv6 网络系统项目。

2. 描述 IPv6 系统，包括：

- IPv6 区别于 IPv4 的核心技术；
- IPv6 部署的关键技术。

3. IPv6 网络系统的部署与分析，包括：

- 项目整体规划；
- 网络拓扑；
- 设备选型；
- 工程的预算与造价。

4. IPv6 网络的运维，包括：

- 实施的网络项目中遇到的问题和相应的解决方案；
- 与目前 IPv4 网络的过渡与融合；
- 网络性能与分析。

试题二　论网络虚拟化技术在企业网络中的设计与应用

随着互联网应用的快速发展，企业数据中心的服务器、路由器、交换机、存储系统等基础设施的规模越来越庞大，管理维护成本和难度也随之增加。采用虚拟化技术将这些庞大的基础设施和资源进行整合，组成多个逻辑实体，实现弹性管理和集约化管理，有效降低管理维护成本和难度。

请围绕“论网络虚拟化技术在企业网络中的设计与应用”论题，依次对以下三个方面进行论述。

1. 简要论述网络虚拟化技术及其在企业网络中的应用需求和必要性。

2. 详细叙述你参与设计和实施的虚拟化企业网络规划与设计方案，包括项目整体规划、网络拓扑、硬件设备及软件选型以及工程的预算与造价等。

3. 结合你所参与实施的项目，分析在企业网络中使用网络虚拟化技术的优缺点。

写作要点

1. 论述网络虚拟化技术及其在企业网络中的应用需求和必要性。

2. 简要叙述参与设计和实施的虚拟化企业网络规划与设计方案，包括：

- 项目整体规划；
- 网络拓扑；
- 硬件设备及软件选型；
- 工程的预算与造价。

3. 使用网络虚拟化技术的企业网络性能分析，包括：

- 使用网络虚拟化技术的优缺点；
- 使用网络虚拟化技术的性能。

第10章　2020下半年网络规划设计师上午试题分析与解答

试题（1）

在支持多线程的操作系统中，假设进程P创建了线程T_1、T_2和T_3，那么下列说法中，正确的是__（1）__。

（1）A．该进程中已打开的文件是不能被T_1、T_2和T_3共享的

B．该进程中T_1的栈指针是不能被T_2共享，但可被T_3共享

C．该进程中T_1的栈指针是不能被T_2和T_3共享的

D．该进程中某线程的栈指针是可以被T_1、T_2和T_3共享的

试题（1）分析

在同一进程中的各个线程都可以共享该进程所拥有的资源，如访问进程地址空间中的每一个虚地址，访问进程所拥有的已打开文件、定时器、信号量机构等，但是不能共享进程中某线程的栈指针。

参考答案

（1）C

试题（2）

假设某计算机的字长为32位，该计算机文件管理系统磁盘空间管理采用位示图（bitmap），记录磁盘的使用情况。若磁盘的容量为300GB，物理块的大小为4MB，那么位示图的大小为__（2）__个字。

（2）A．2400　　B．3200　　C．6400　　D．9600

试题（2）分析

本题考查操作系统文件管理方面的基础知识。

根据题意，若磁盘的容量为300GB，物理块的大小为4MB，则该磁盘的物理块数为300×1024/4=76 800个，位示图的大小为76 800/32=2400个字。

参考答案

（2）A

试题（3）

以下关于操作系统微内核架构特征的说法中，不正确的是__（3）__。

（3）A．微内核的系统结构清晰，利于协作开发

B．微内核代码量少，系统具有良好的可移植性

C．微内核有良好的伸缩性、扩展性

D．微内核的功能代码可以互相调用，性能很高

试题（3）分析

本题考查操作系统的基础知识。

微内核（Micro Kernel）是现代操作系统普遍采用的架构形式。它是一种能够提供必要服务的操作系统内核，被设计成在很小的内存空间内增加移植性，提供模块设计，这些必要的服务包括任务、线程、交互进程通信以及内存管理等。而操作系统的其他所有服务（含设备驱动）在用户模式下运行，可以使用户安装不同的服务接口（API）。

微内核的主要优点在于结构清晰、内核代码量少，安全性和可靠性高、可移植性强、可伸缩性、可扩展性高；其缺点是难以进行良好的整体优化、进程间互相通信的开销大、内核功能代码不能被直接调用而带来的服务效率低。

参考答案

（3）D

试题（4）

分页内存管理的核心是将虚拟内存空间和物理内存空间皆划分成大小相同的页面，并以页面作为内存空间的最小分配单位。下图给出了内存管理单元的虚拟到物理页面翻译过程，假设页面大小为 4KB，那么 CPU 发出虚拟地址 0010000000000100 后，其访问的物理地址是__（4）__。

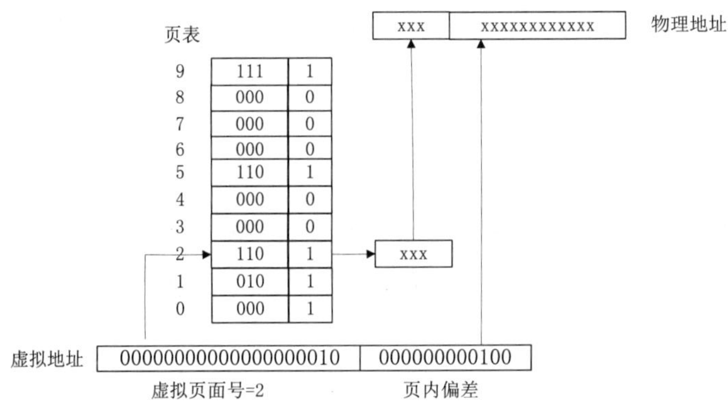

（4）A．1100000000000100　　B．0100000000000100

C．1100000000000000　　D．1100000000000010

试题（4）分析

本题考查计算机内存管理的基础知识。

虚拟内存管理是计算机体系结构设计中必须考虑的问题。计算机内存管理通过段页式管理算法可以使计算机内存容量被无限延伸，以提升计算机处理能力。

分页式管理是将一个进程的逻辑地址空间分成若干个大小相等的片，称之为页面或页，并对各页进行编号，从 0 开始编码。相应地也把内存空间分成与页面相同大小的若干个存储块，称之为物理块或页框，也同样为它们加以编号。在为进程分配内存时，以块为单位将进程中若干个页分别装入多个可以不相邻的物理块中，从而实现无存储碎片的管理。分页式管理中，通常进程使用的地址是一种虚拟存储地址，必须通过页表转换才能访问到实际的物理地址。虚拟地址一般由页面号和页内偏移组成，页面号是指需要访问页表的序号，而页内偏移是指在某页内相对 0 地址的偏移值。

因此，本题中给出虚拟地址 0010000000000100 中的页表序号是 02（10），图中页表 2 序列中内容是 110，因此物理地址应该是 110 加偏移地址，即为 1100000000000100。

参考答案

（4）A

试题（5）

以下关于计算机内存管理的描述中，__（5）__属于段页式内存管理的描述。

（5）A. 一个程序就是一段，使用基址极限对来进行管理

B. 一个程序分为许多固定大小的页面，使用页表进行管理

C. 程序按逻辑分为多段，每一段内又进行分页，使用段页表来进行管理

D. 程序按逻辑分成多段，用一组基址极限对来进行管理，基址极限对存放在段表里

试题（5）分析

本题考查计算机内存管理的基础知识。

计算机内存管理有多种管理算法，从发展历史看，内存管理经历了固定分区、非固定分区、页式、段式和段页式等方法，当前较流行的是段页式内存管理。

页式内存管理：其核心是将虚拟内存空间和物理内存空间皆划分成大小相同的页面，并以页面作为内存空间的最小分配单位。一个程序的一个页面可以放在任意一个物理页面里。

段式内存管理：其核心是将一个程序按照逻辑单元分成多个程序段，每一个段使用自己单独的虚拟地址空间。采用段页表来进行管理。比如编译器可以将一个程序分成 5 个虚拟空间，即符号表、代码段、常数段、数据段和调用栈。

因此，选项 A 的管理方法属于分区式管理；选项 B 的管理方法属于页式管理；选项 D 的管理方法属于段式管理；只有选项 C 的管理方法属于段页式管理。

参考答案

（5）C

试题（6）、（7）

软件文档是影响软件可维护性的决定因素。软件文档可以分为用户文档和__（6）__两类。其中，用户文档主要描述__（7）__和使用方法，并不关心这些功能是怎样实现的。

（6）A. 系统文档　　B. 需求文档　　C. 标准文档　　D.实现文档

（7）A. 系统实现　　B. 系统设计　　C. 系统功能　　D.系统测试

试题（6）、（7）分析

本题考查软件文档的相关知识。

软件文档是影响软件可维护性的决定因素。根据文档内容，软件文档又可分为两类，用户文档和系统文档。其中，用户文档主要描述系统功能和使用方法，并不介绍这些功能是怎样实现的。

参考答案

（6）A　（7）C

试题（8）

以下关于敏捷开发方法特点的叙述中，错误的是__（8）__。

（8）A．敏捷开发方法是适应性而非预设性的

B．敏捷开发方法是面向过程的而非面向人的

C．采用迭代增量式的开发过程，发行版本小型化

D．敏捷开发强调开发过程中相关人员之间的信息交流

试题（8）分析

本题考查敏捷开发方法的基础知识。

敏捷开发方法主要有两个特点：敏捷开发方法是适应性而非预设性的；敏捷开发方法是面向人而非面向过程的。敏捷开发方法以原型化开发方法为基础，采用迭代增量式开发，发行版本小型化。敏捷开发方法特别强调开发中相关人员之间的信息交流。

参考答案

（8）B

试题（9）

某厂生产的某种电视机，销售价为每台 2500 元，去年的总销售量为 25000 台，固定成本总额为 250 万元，可变成本总额为 4000 万元，税率为 16%，则该产品年销售量的盈亏平衡点为＿（9）＿台（只有在年销售量超过它时才能盈利）。

（9）A．5000　　B．10000　　C．15000　　D．20000

试题（9）分析

本题考查应用数学–管理经济学的基础知识。

可变成本总额与销售的电视机台数有关。去年销售了 25000 台，可变成本总额为 4000 万元，因此，每台电视机的可变成本为 4000/2.5=1600 元。

如果年销售量为 N 台，则总成本=固定成本+N×每台的可变成本=250+0.16N（万元）。总收益=0.25N（1−16%）=0.21N（万元）。

对于盈亏平衡点的年销售量 N，250+0.16N=0.21N，所以 N=5000（台）。

参考答案

（9）A

试题（10）

按照我国著作权法的权利保护期，＿（10）＿受到永久保护。

（10）A．发表权　　B．修改权　　C．复制权　　D．发行权

试题（10）分析

本题考查知识产权的基础知识。

发表权指决定软件是否公之于众的权利；修改权是指对软件进行增补、删节，或者改变指令、语句顺序的权利；复制权是将软件制作一份或者多份的权利；发行权是指以出售或者赠与方式向公众提供软件的原件或者复制件的权利。

修改权属于软件著作权中的人身权，保护期无限制。

参考答案

（10）B

试题（11）

在 ADSL 接入网中通常采用离散多音调技术（DMT），以下关于 DMT 的叙述中，正确的是___（11）___。

（11）A．DMT 采用频分多路技术将电话信道、上行信道和下行信道分离

B．DMT 可以把一条电话线路划分成 256 个子信道，每个带宽为 8.0kHz

C．DMT 目的是依据子信道质量分配传输数据，优化传输性能

D．DMT 可以分离拨出与拨入的信号，使得上下行信道共用频率

试题（11）分析

本题考查 ADSL 接入网的基础知识。

离散多音调技术（DMT）是依据子信道质量分配传输数据，DMT 可以把一条电话线路划分成 256 个子信道，每个带宽为 4.0kHz，优化传输性能。采用频分多路技术将电话信道、上行信道和下行信道分离是 ADSL 的实现技术；分离拨出与拨入的信号，使得上下行信道共用频率是回声抵消技术。

参考答案

（11）C

试题（12）

按照同步光纤网传输标准（SONET），OC-3 的数据速率为___（12）___Mb/s。

（12）A．150.336　　B．155.520　　C．622.080　　D．2488.320

试题（12）分析

本题考查同步光纤网传输标准的基础知识。

OC-3 的数据速率为 155.520Mb/s。

参考答案

（12）B

试题（13）

光纤传输测试指标中，回波损耗是指___（13）___。

（13）A．传输数据时线对间信号的相互泄漏

B．传输距离引起的发射端的能量与接收端的能量差

C．光信号通过活动连接器之后功率的减少

D．信号反射引起的衰减

试题（13）分析

本题考查光纤传输测试指标的基础知识。

回波损耗是指光信号反射引起的衰减。

参考答案

（13）D

试题（14）

以 100Mb/s 以太网连接的站点 A 和 B 相隔 2000m，通过停等机制进行数据传输，传播速率为 200m/μs，最高的有效传输速率为___（14）___Mb/s。

（14）A．80.8　　B．82.9　　C．90.1　　D．92.3

试题（14）分析

本题考查有效传输速率的基础知识。

计算方法如下：

发送一帧的时间为：$1518\times8/(100\times10^6)=121.44\mu s$

确认帧的时间为：$64\times8/(100\times10^6)=5.12\mu s$

传播时间为：$2000/200=10\mu s$

有效传输速率为：$1518\times8/(121.44+5.12+10\times2)\approx82.9Mb/s$。

参考答案

（14）B

试题（15）、（16）

下图是100BASE-TX标准中MLT-3编码的波形，出错的是第__（15）__位，传送的信息编码为__（16）__。

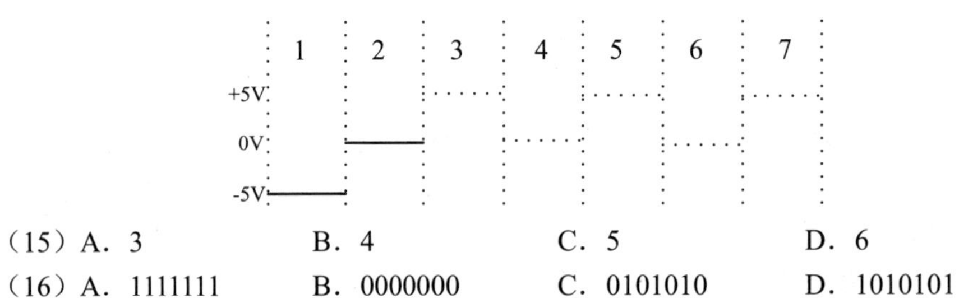

（15）A．3　　B．4　　C．5　　D．6

（16）A．1111111　　B．0000000　　C．0101010　　D．1010101

试题（15）、（16）分析

本题考查MLT-3编码机制。

MLT-3编码机制的思想是遇1跳遇0不跳；跳变时看前1比特，若为0跳为非0（与前1非0交替变换），若为非0跳为0。出错的是第5比特。

把第5比特改正为负电压后，第2到第7比特可确定为111111。

参考答案

（15）C（16）A

试题（17）

以下关于HDLC协议的叙述中，错误的是__（17）__。

（17）A．接收器收到一个正确的信息帧，若顺序号在接收窗口内，则可发回确认帧

B．发送器每接收到一个确认，就把窗口向前滑动到确认序号处

C．如果信息帧的控制字段是8位，则发送顺序号的取值范围是0～127

D．信息帧和管理帧的控制字段都包含确认顺序号

试题（17）分析

本题考查HDLC协议的基础知识。

如果信息帧的控制字段是8位，发送编号和确认编号均是3位，则发送顺序号的取值范围是0～7。

参考答案

（17）C

试题（18）

以下关于 1000BASE-T 的叙述中，错误的是__（18）__。

（18）A．最长有效距离为 100 米

B．使用超 5 类 UTP 作为网络传输介质

C．支持帧突发（frame bursting）

D．属于 IEEE802.3ae 定义的 4 种千兆以太网标准之一

试题（18）分析

本题考查千兆以太网标准 1000BASE-T 的基础知识。

IEEE802.3ae 定义的 4 种千兆以太网标准不包括 1000BASE-T。

参考答案

（18）D

试题（19）

6 个速率为 64kb/s 的用户按照同步时分多路复用技术（TDM）复用到一条干线上，若每个用户平均效率为 80%，干线开销 4%，则干线速率为__（19）__kb/s。

（19）A．160　　B．307.2　　C．320　　D．400

试题（19）分析

本题考查时分多路复用技术的基础知识。

TDM 固定时隙分配给固定用户，干线速率的计算方式为：$64\times6/(1-4\%)=400$kb/s。

参考答案

（19）D

试题（20）

MIMO 技术在 5G 中起着关键作用，以下不属于 MIMO 功能的是__（20）__。

（20）A．收发分集　　B．空间复用　　C．赋形抗干扰　　D．用户定位

试题（20）分析

本题考查 MIMO 技术的主要功能。

多入多出技术（Multiple-Input Multiple-Output，MIMO）指在发射端和接收端分别使用多个发射天线和接收天线，使信号通过发射端与接收端的多个天线传送和接收，从而改善通信质量。它能充分利用空间资源，通过多个天线实现多发多收，在不增加频谱资源和天线发射功率的情况下，可以成倍地提高系统信道容量，显示出明显的优势，被视为下一代移动通信的核心技术。MIMO 的主要功能包括收发分集、空间复用和赋性抗干扰。MIMO 并不包含用户定位功能。

参考答案

（20）D

试题（21）

以下关于区块链应用系统中“挖矿”行为的描述中，错误的是__（21）__。

（21）A．矿工“挖矿”取得区块链的记账权，同时获得代币奖励

B．“挖矿”本质上是在尝试计算一个 Hash 碰撞

C．“挖矿”是一种工作量证明机制

D．可以防止比特币的双花攻击

试题（21）分析

本题考查区块链的基础知识。

以区块链技术最成功的应用比特币为例。矿工的“挖坑”行为，其动机是获得代币奖励；其技术的本质是尝试计算一个 Hash 碰撞，从而完成工作量证明；对社区而言，成功“挖矿”的矿工获得记账权和代币奖励是区块链应用系统的激励机制，是社区自我维持的关键。然而，“挖矿”行为自身并不能防止双花攻击。

参考答案

（21）D

试题（22）

广域网可以提供面向连接和无连接两种服务模式。对应于两种服务模式，广域网有虚电路和数据报两种组网方式。以下关于虚电路和数据报的叙述中，错误的是__（22）__。

（22）A．虚电路网络中每个数据分组都含有源端和目的端的地址，而数据报网络则不然

B．对于会话信息，数据报网络不存储状态信息，而虚电路网络对于建立好的每条虚电路都要求占有虚电路表空间

C．数据报网络对每个分组独立选择路由，而虚电路网络在虚电路建好后，路由就已确定，所有分组都经过此路由

D．数据报网络中，分组到达目的地可能失序，而虚电路网络中，分组一定有序到达目的地

试题（22）分析

本题考查广域网中面向连接和无连接两种服务模式的基础知识。

对应于两种服务模式，广域网有虚电路和数据报两种组网方式，其区别如下表所示。显然，选项 A 描述错误。

	虚电路	**数据报**
是否建立连接	必须有	不要
目的地址	仅在连接建立阶段使用，每个分组使用短的虚电路号	每个分组都有目的主机地址
路由选择	在虚电路连接建立时进行，所有分组均按同一路由	每个分组独立选择路由
当路由器出故障	所有通过了出故障的路由器的虚电路均不能工作	出故障的路由器可能会丢失分组，一些路由可能会发生变化
分组的顺序	总是按发送顺序到达目的站	到达目的站时可能不按发送顺序
端到端的差错处理	由通信子网负责	由主机负责
端到端的流量控制	由通信子网负责	由主机负责

参考答案

（22）A

试题（23）

在光纤通信中，WDM 实际上是__（23）__。

（23）A．OFDM（Optical Frequency Division Multiplexing）
　　B．OTDM（Optical Time Division Multiplexing）
　　C．CDM（Code Division Multiplexing）
　　D．EDFA（Erbium Doped Fiber Amplifier）

试题（23）分析

本题考查波分多路复用的基础知识。

WDM（Wavelength Division Multiplexing，波分复用）是将多种不同波长的光信号通过合波器汇合在一起，并耦合到同一根光纤中，以此进行数据传输的技术。其技术本质就是光频分复用技术 OFDM。

参考答案

（23）A

试题（24）

在 Linux 中，DNS 的配置文件是__（24）__，它包含了主机的域名搜索顺序和 DNS 服务器的地址。

（24）A．/etc/hostname　　B．/dev/host.conf
　　C．/etc/resolv.conf　　D．/dev/name.conf

试题（24）分析

本题考查 Linux 中 DNS 的配置知识。

Linux 中 DNS 的配置文件保存在/etc/resolv.conf。/etc/resolv.conf 是 DNS 客户机的配置文件，用于设置 DNS 服务器的 IP 地址及 DNS 域名，还包含了主机的域名搜索顺序。该文件是由域名解析器（resolver，一个根据主机名解析 IP 地址的库）使用的配置文件。它的格式比较简单，每行以一个关键字开头，后接一个或多个由空格隔开的参数。

参考答案

（24）C

试题（25）

假设 CDMA 发送方在连续两个时隙发出的编码为：

+1+1+1-1+1-1-1-1-1-1-1+1-1+1+1+1

发送方码片序列为：+1+1+1-1+1-1-1-1，则接收方解码后的数据应为__（25）__。

（25）A．01　　B．10　　C．00　　D．11

试题（25）分析

本题考查 CDMA 的编解码的基础知识。

码分多址（CDMA）的基本思想是靠不同的地址码来区分地址。每个配有不同的地址码，用户所发射的载波（为同一载波）既受基带数字信号调制，又受地址码调制，接收时只有确知其配给地址码的接收机，才能解调出相应的基带信号，而其他接收机因地址码不同，无法解调出信号。划分是根据码型结构不同来实现和识别的。一般选择伪随机码（PN 码）作地址码。由于 PN 码的码元宽度远小于 PCM 信号码元宽度（通常为整数倍），这就使得加了伪随机码的信号频谱远大于原基带信号的频谱，因此，码分多址也称为扩频多址。编码的基本思路是发送的信号乘以码片序列，解码时码片序列与编码数据做内积后除以码片长度。详细过程如下图所示。

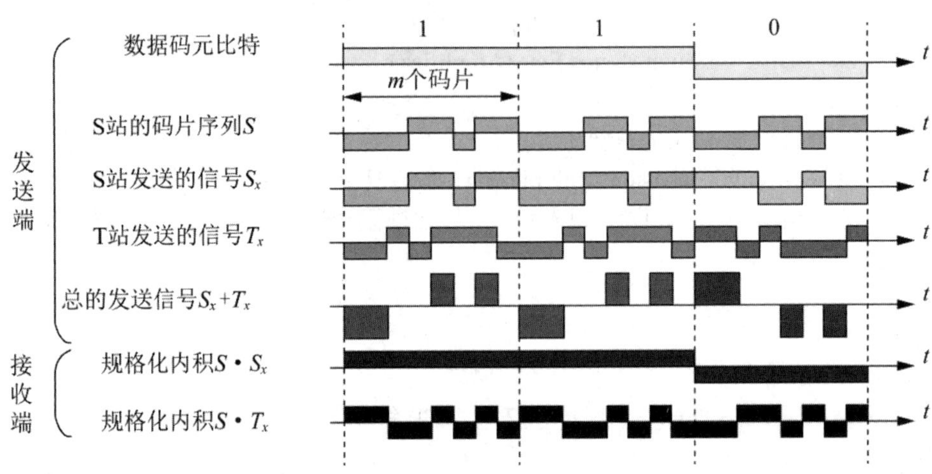

参考答案

（25）B

试题（26）

对下面 4 个网络：110.125.129.0/24、110.125.130.0/24、110.125.132.0/24 和 110.125.133.0/24 进行路由汇聚，能覆盖这 4 个网络的地址是 （26） 。

（26）A．110.125.128.0/21

B．110.125.128.0/22

C．110.125.130.0/22

D．110.125.132.0/23

试题（26）分析

本题考查 IPv4 网络中的路由汇聚知识。

对于 4 个网络：110.125.129.0/24、110.125.130.0/24、110.125.132.0/24 和 110.125.133.0/24，4 个选项中子网部分长度为 22、23 以及 24 时均无法完全覆盖这四个网络。

参考答案

（26）A

试题（27）、（28）

在命令提示符中执行 ping www.xx.com，所得结果如下图所示，根据 TTL 值可初步判断服务器 182.24.21.58 操作系统的类型是 （27） ，其距离执行 ping 命令的主机有 （28） 跳。

```
C:\Users>ping www.xx.com

Pinging public-v6.sparta.mig.tc-cloud.net [182.24.21.58] with 32 bytes of data:
Reply from 182.24.21.58: bytes=32 time=20ms TTL=50
Reply from 182.24.21.58: bytes=32 time=20ms TTL=50
Reply from 182.24.21.58: bytes=32 time=20ms TTL=50
Reply from 182.24.21.58: bytes=32 time=20ms TTL=50

Ping statistics for 182.24.21.58:
   Packets: Sent = 4, Received = 4, Lost = 0 (0% loss),
Approximate round trip times in milli-seconds:
   Minimum = 20ms, Maximum = 20ms, Average = 20ms
```

（27）A．Windows XP　　B．WindowsServer2008
　　C．FreeBSD　　D．iOS 12.4

（28）A．78　　B．14　　C．15　　D．32

试题（27）、（28）分析

本题考查利用 ping 命令返回信息中的 TTL 字段来初步判断服务器操作系统类型及路由条数。

TTL（Time To Live，生存时间）是 IP 协议包中的一个值，当我们使用 Ping 命令进行网络连通测试或者是测试网速的时候，本地计算机会向目的主机发送数据包，但是有的数据包会因为一些特殊的原因不能正常传送到目的主机，如果没有设置 TTL 值的话，数据包会一直在网络上面传送，浪费网络资源。数据包在传送的时候至少会经过一个以上的路由器，当数据包经过一个路由器的时候，TTL 就会自动减 1，如果减到 0 了还是没有传送到目的主机，那么这个数据包就会自动丢失，这时路由器会发送一个 ICMP 报文给最初的发送者。

例如：如果一个主机的 TTL 是 64，那么当它经过 64 个路由器后还没有将数据包发送到目的主机的话，那么这个数据包就会自动丢弃。

不同操作系统的默认 TTL 值是不同的，所以我们可以通过 TTL 值来初步判断主机的操作系统。下面是四个选项操作系统的 TTL 初值：

- Windows Server 2008　　TTL：128
- Windows XP　　TTL：128
- CISCO IOS　　TTL：254
- FreeBSD5　　TTL：64

因此，根据图示中 TTL=50 判断，只可能是 FreeBSD。初值是 64，经过 14 跳后 TTL 减为 50。

参考答案

（27）C　（28）B

试题（29）

下列哪种 BGP 属性不会随着 BGP 的 Update 报文通告给邻居？__（29）__。

（29）A．PrefVal　　B．Next-Hop
　　C．As-Path　　D．Origin

试题（29）分析

本题考查 BGP 协议的基础知识。

所有的 BGP 设备都可以识别和传递的属性包括 Origin（路由起源）、AS-Path（AS 路径属性）、Next-Hop（下一跳属性），且必须存在 Update 报文中。PrefVal 属性即 Preference_Value，是 BGP 的私有属性，在一台 BGP 设备内部使用，不会传给其他 BGP 对等体，仅影响本地路由选路，无法影响邻居。

参考答案

（29）A

试题（30）、（31）

一个由多个路由器相互连接构成的拓扑图如下图所示，图中数字表示路由之间链路的费用。OSPF 路由协议将利用__（30）__算法计算出路由器 u 到 z 的最短路径费用值为__（31）__。

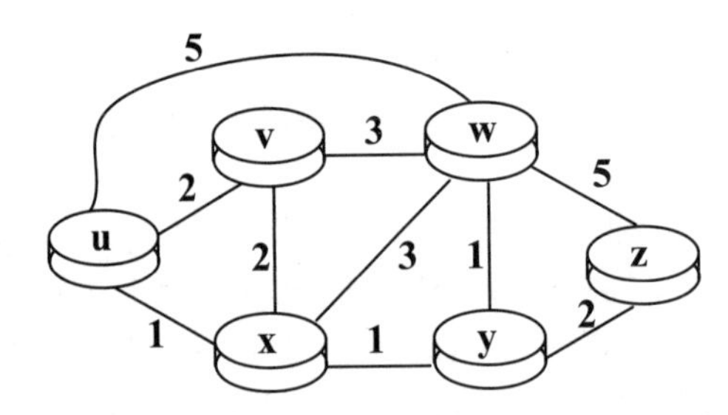

（30）A．Prim　　B．Floyd-Warshall

C．Dijkstra　　D．Bellman-Ford

（31）A．10　　B．4　　C．3　　D．5

试题（30）、（31）分析

本题考查 OSPF 路由协议的基本概念和最短路径算法知识。

路由协议 OSPF（Open Shortest Path First），即开放的最短路径优先协议，因为 OSPF 是由 IETF 开发的，它的使用不受任何厂商限制，所有人都可以使用，所以称为开放的，而最短路径优先（SPF）只是 OSPF 的核心思想，其使用的算法是 Dijkstra 算法。根据 Dijkstra 算法知识和题干中的拓扑图，显然可知 u 到 z 的最短路径为 u→x→y→z，其总费用为 4。

参考答案

（30）C　（31）B

试题（32）

RIP 路由协议规定在邻居之间每 30 秒进行一次路由更新通告，如果__（32）__仍未收到邻居的通告信息，则可以判定与该邻居路由器间的链路已经断开。

（32）A．60 秒　　B．120 秒　　C．150 秒　　D．180 秒

试题（32）分析

本题考查路由信息协议 RIP 的基础知识。

RIP 路由协议规定在邻居之间每 30 秒进行一次路由更新通告，如果经过 6 个周期仍未收到邻居的通告信息，则可以判定与该邻居路由器间的链路已经断开。6 个周期即为 180 秒。

参考答案

（32）D

试题（33）

假设一个 IP 数据报总长度为 4000B，要经过一段 MTU 为 1500B 的链路，该 IP 报文必须经过分片才能通过该链路。以下关于分片的描述中，正确的是__（33）__。

（33）A．该原始 IP 报文是 IPv6 报文

B．分片后的报文将在通过该链路后的路由器进行重组

C．报文被分为三片，这三片报文的总长度为 4000B

D．分片中的最后一片，标志位 Flag 为 0，Offset 字段为 370

试题（33）分析

本题考查 IPv4 报文分片和重组的基础知识。

IPv4 协议规定网络层 IP 报文长度超过链路层 MTU 时，需要分片，分片后在目的主机重组，因此选项 B 错误。IPv6 协议不允许报文分片，因此选项 A 也错误。4000 字节的 IPv4 报文通过 MTU 为 1500 字节的链路时，应该被分为三片，但分片后多了两个 IPv4 的报文头部，因此总长度超过 4000 字节，选项 C 错误。根据分片的原理，最后一片标志位 Flag 应为 0，通过计算 Offset 为 370，选项 D 正确。

参考答案

（33）D

试题（34）

下图为某 Windows 主机执行 tracert www.xx.com 命令的结果，其中第 13 跳返回信息为三个“*”，且地址信息为“Request timed out.”，出现这种问题的原因可排除__（34）__。

```
C:\Users>tracert www.xx.com

Tracing route to public-v6.sparta.mig.tencent-cloud.net [182.254.21.36]
over a maximum of 30 hops:

  1   <1 ms   <1 ms   <1 ms  219.244.188.129
  2   <1 ms   <1 ms   <1 ms  10.196.0.25
  3    1 ms   <1 ms    1 ms  10.196.0.1
  4    1 ms    1 ms    1 ms  202.117.145.90
  5    3 ms    2 ms    2 ms  219.244.175.193
  6    2 ms    6 ms    2 ms  101.4.117.178
  7   18 ms   18 ms   18 ms  101.4.112.13
  8   18 ms   18 ms   18 ms  219.224.103.38
  9   17 ms   17 ms   17 ms  101.4.130.106
 10   21 ms   21 ms   21 ms  10.196.90.217
 11   21 ms   21 ms   21 ms  10.200.19.114
 12   23 ms   22 ms   22 ms  10.200.6.162
 13    *       *       *     Request timed out.
 14   27 ms   23 ms   23 ms  10.244.255.51
 15   20 ms   20 ms   20 ms  182.254.21.36

Trace complete.
```

（34）A．第 13 跳路由器拒绝对 ICMP Echo request 做出应答

B．第 13 跳路由器不响应但转发端口号大于 32767 的数据报

C．第 13 跳路由器处于离线状态

D．第 13 跳路由器的 CPU 忙，延迟对该 ICMP Echo request 做出响应

试题（34）分析

本题考查 Tracert 工具和 ICMP 协议的综合知识。

在用 Tracert 工具对目标主机进行路由追踪时，源主机发出的是 ICMP 的探测分组。如果出现题干中描述的“*”，通常可能是对应路由器拒绝对 ICMP Echo request 做出应答，不响应但转发端口号大于 32767 的数据报，或者路由器的 CPU 忙，延迟对该 ICMP Echo request 做出响应等原因。由于 Tracert 发出的探测分组能够正确到达目标主机，因此，绝不可能是因为第 13 跳路由器处于离线状态。

参考答案

（34）C

试题（35）

下图为某 UDP 报文的两个 16 比特，计算得到的 Internet Checksum 为<u>（35）</u>。

1 1 1 0 0 1 1 0 0 1 1 0 0 1 1 0

1 1 0 1 0 1 0 1 0 1 0 1 0 1 0 1

（35）A. 1 1 0 1 1 1 0 1 1 1 0 1 1 1 0 1 1

B. 1 1 0 0 0 1 0 0 0 1 0 0 0 1 0 0

C. 1 0 1 1 1 0 1 1 1 0 1 1 1 1 0 0

D. 0 1 0 0 0 1 0 0 0 1 0 0 0 0 1 1

试题（35）分析

本题考查 Internet 检查和计算方法。

Internet 检查和的计算方法为：

①待校验的相邻字节成对组成 16 比特整数并计算其和的二进制反码（二进制反码求和）。

②生成校验和，校验和区域本身应当先置 0，并和待校验数据相加，其和进行二进制反码运算后赋给校验和区域。

③检查校验和，将所有字节，包括校验和，进行相加并求二进制反码。如果结果为全 1，检查通过。

参考答案

（35）C

试题（36）、（37）

假设主机 A 通过 Telnet 连接了主机 B，连接建立后，在命令行输入字符“C”。如图所示，主机 B 收到字符“C”后，用于运输回送消息的 TCP 段的序列号 seq 应为<u>（36）</u>，而确认号 ack 应为<u>（37）</u>。

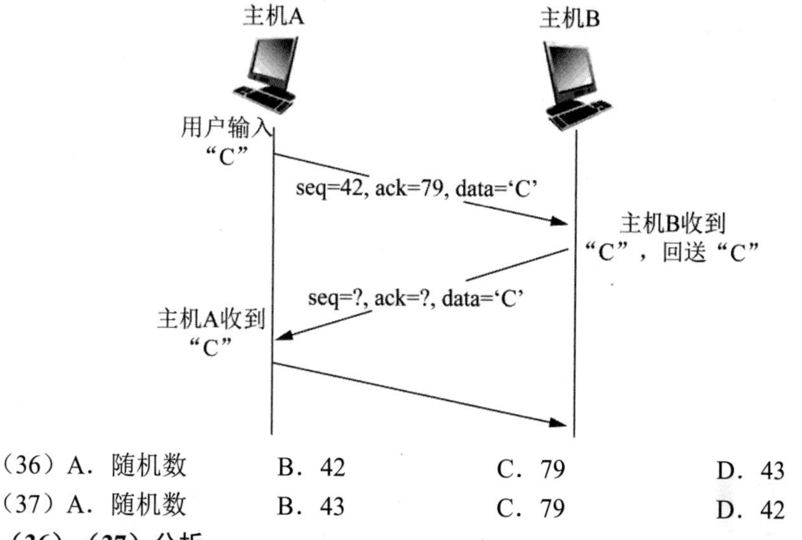

（36）A．随机数　　B．42　　C．79　　D．43

（37）A．随机数　　B．43　　C．79　　D．42

试题（36）、（37）分析

本题考查 TCP 协议中关于序列号和确认号的设置规则。

TCP 通信双方的初始序列号是在建立连接时协商好的。如图所示，主机 B 发往主机 A 的 TCP 段中，序列号通常等于上一个 A 至 B 的 TCP 段的确认号（本题中即为 79）；而主机 B 发往主机 A 的 TCP 段确认号是上一个 A 至 B 的 TCP 段的序列号加上确认的字节数（本题中为 43）。

参考答案

（36）C　（37）B

试题（38）

TCP 可靠传输机制为了确定超时计时器的值，首先要估算 RTT。估算 RTT 采用如下公式：估算 RTTs＝(1 –α)×(估算 RTTs)+ α×(新的 RTT 样本)，其中 α 的值常取为<u>（38）</u>。

（38）A．1/8　　B．1/4　　C．1/2　　D．1/16

试题（38）分析

本题考查 TCP 协议中估算 RTT 的方法。

目前流行的 TCP 实现算法中，规定题干中公式里面的 α 通常取 1/8。

参考答案

（38）A

试题（39）

SYN Flooding 攻击的原理是<u>（39）</u>。

（39）A．利用 TCP 三次握手，恶意造成大量 TCP 半连接，耗尽服务器资源，导致系统拒绝服务

B．有些操作系统在实现 TCP/IP 协议栈时，不能很好地处理 TCP 报文的序列号紊乱问题，导致系统崩溃

C．有些操作系统在实现 TCP/IP 协议栈时，不能很好地处理 IP 分片包的重叠情况，导

致系统崩溃

D. 有些操作系统协议栈在处理 IP 分片时，对于重组后超大的 IP 数据包不能很好地处理，导致缓存溢出而系统崩溃

试题（39）分析

本题考查利用 TCP 协议先天设计问题进行 SYN Flooding 攻击的基本原理。

SYN Flooding 是一种常见的拒绝服务（Denial of Service，DoS）和分布式拒绝服务（Distribution Denial of Service，DDoS）攻击方式，它使用 TCP 协议缺陷，发送大量的伪造的 TCP 连接请求，使得被攻击方 CPU 或内存资源耗尽，最终导致被攻击方无法提供正常的服务。

参考答案

（39）A

试题（40）

某 Windows 主机网卡的连接名为“local”，下列命令中用于配置缺省路由的是<u>（40）</u>。

（40）A. netsh interface ipv6 add address “local” 2001:200:2020:1000::2

B. netsh interface ipv6 add route 2001:200: 2020:1000::/64 “local”

C. netsh interface ipv6 add route ::/0 “local” 2001:200: 2020:1000::1

D. interface ipv6 add dns “local” 2001:200:2020:1000::33

试题（40）分析

本题考查应用网络命令配置网络参数的能力。

根据 netsh 的功能可以通过 ipv6 add route 参数添加路由，而缺省路由用“::/0”指示，紧跟着的参数是网卡名称，即“local”，最后是下一条地址。

参考答案

（40）C

试题（41）

采用 B/S 架构设计的某图书馆在线查询阅览系统，终端数量为 400 台，下列配置设计合理的是<u>（41）</u>。

（41）A. 用户终端需具备高速运算能力 B. 用户终端需配置大容量存储

C. 服务端需配置大容量内存 D. 服务端需配置大容量存储

试题（41）分析

本题考查网络规划设计的基础知识。

题干说明采用 B/S 架构设计拥有 400 台终端的图书馆在线查阅系统。本系统要求能够以尽可能小的延迟响应用户的查询，并将查询结果反馈给终端。由于采用的是 B/S 架构，终端仅将用户的查询请求通过浏览器发送给服务器，由服务器计算并获取查询结果后，将查询结果反馈到终端浏览器上显示。在此过程中，终端不进行过多的运算，也无须在终端本地做大量的数据存储；要能够响应延迟小，需要服务器具备高速的运算能力和大容量的内存，以提高计算能力和高速响应能力。

参考答案

（41）C

试题（42）

以下关于延迟的说法中，正确的是__（42）__。

（42）A．在对等网络中，网络的延迟大小与网络中的终端数量无关

B．使用路由器进行数据转发所带来的延迟小于交换机

C．使用 Internet 服务能够最大限度地减小网络延迟

D．服务器延迟的主要影响因素是队列延迟和磁盘 IO 延迟

试题（42）分析

本题考查网络延迟的基础知识。

网络延迟的产生原因主要是运算、读取和写入、数据传输以及数据传输过程中的拥塞所带来的延迟。在网络中，数据读写的速率较之于数据计算和传输的速率要小得多，因此数据读写的延迟是影响网络延迟的最大因素。

在对等网络中，由于采用总线式的连接，因此网络中的终端数量越多，终端所能够分配到的转发时隙就越小，所带来的延迟也就越大。

路由器一般采取存储转发方式，需要对待转发的数据包进行重新拆包，分析其源地址和目的地址，再根据路由表对其进行路由和转发，而交换机采取的是直接转发方式，不对数据包的三层地址进行分析，因此路由器转发所带来的延迟要大于交换机。

数据在 Internet 中传输时，由于互联网中的转发数据量大且所需经过的节点多，势必会带来更大的延迟。

参考答案

（42）D

试题（43）

__（43）__不属于 ISO7498-2 标准规定的五大安全服务。

（43）A．数字证书　　　　B．抗抵赖服务

C．数据鉴别　　　　D．数据完整性

试题（43）分析

本题考查安全标准的相关知识。

ISO7498-2 确定了五大类安全服务，即数据鉴别、访问控制、数据保密性、数据完整性和不可否认。

数字证书适用于对通信双方的身份或者电子信息的真实性进行认证，它不属于 ISO7498-2 标准规定的五大安全服务之列。

参考答案

（43）A

试题（44）

能够增强和提高网际层安全的协议是__（44）__。

（44）A．IPSec　　B．L2TP　　C．TLS　　D．PPTP

试题（44）分析

本题考查网络安全协议的相关知识。

IPSec 协议是通过对 IP 协议进行数据加密和认证以保护 IP 协议的网络协议簇，是一系列协议的打包协议，能够增强和提高网际层的安全。

L2TP（Layer Two Tunneling Protocol）是一种工业标准的 Internet 隧道协议，通常用于虚拟专用网络，其本身并不提供加密和认证服务，一般与加密或认证协议相配合使用，以实现数据的加密传输。

TLS（Transport Layer Security）协议用于在两个通信应用程序之间提供保密性和数据完整性，其前身是安全套接层（Secure Sockets Layer），是一种安全协议，目的是为互联网通信提供安全及数据完整性保障。HTTPS 协议用 SSL 进行加密，以保护通过 HTTP 协议传输的数据。IETF 将 SSL 进行标准化，1999 年公布第一版 TLS 标准文件。随后又公布 RFC 5246（2008 年 8 月）与 RFC 6176（2011 年 3 月）。在浏览器、邮箱、即时通信、VoIP、网络传真等应用程序中，广泛支持这个协议。目前已成为互联网上保密通信的工业标准。

PPTP 是点对点的隧道协议，是在 PPP 协议的基础上开发的一种全新的增强型协议，支持多协议虚拟专用网络，即 VPN。通过密码传输协议、扩展认证协议来增强其安全性。使远程用户拨入 ISP，直接连接网络或者其他安全网络访问企业网。

参考答案

（44）A

试题（45）

以下关于 Kerberos 认证的说法中，错误的是__（45）__。

（45）A．Kerberos 是在开放的网络中为用户提供身份认证的一种方式

B．系统中的用户要相互访问必须首先向 CA 申请票据

C．KDC 中保存着所有用户的账号和密码

D．Kerberos 使用时间戳来防止重放攻击

试题（45）分析

本题考查 Kerberos 认证系统的认证流程方面的知识。

Kerberos 提供了一种单点登录（SSO）的方法。考虑这样一个场景，在一个网络中有不同的服务器，比如，打印服务器、邮件服务器和文件服务器。这些服务器都有认证的需求。很自然地，让每个服务器自己实现一套认证系统是不合理的，应提供一个中心认证服务器（AS-Authentication Server）供这些服务器使用。这样任何客户端就只需维护一个密码就能登录所有服务器。

因此，在 Kerberos 系统中至少有三个角色：认证服务器（AS），客户端（Client）和普通服务器（Server）。客户端和服务器将在 AS 的帮助下完成相互认证。

在 Kerberos 系统中，客户端和服务器都有一个唯一的名字。同时，客户端和服务器都有自己的密码，并且它们的密码只有自己和认证服务器 AS 知道。

客户端在进行认证时，需首先向密钥分发中心申请初始票据。

参考答案

（45）B

试题（46）、（47）

在 PKI 系统中，负责验证用户身份的是__（46）__，__（47）__用户不能够在 PKI 系统中申请数字证书。

（46）A．证书机构 CA　　B．注册机构 RA

C．证书发布系统　　D．PKI 策略

（47）A．网络设备　　B．自然人

C．政府团体　　D．民间团体

试题（46）、（47）分析

本题考查 PKI 系统的相关知识。

PKI（Public Key Infrastructure），即公钥基础设施，是实现基于公钥密码体制的密钥和证书的产生、管理、存储、分发和撤销等功能的系统。

一个典型的 PKI 系统包括 PKI 策略、软硬件系统、证书机构 CA、注册机构 RA、证书发布系统和 PKI 应用等。

①PKI 安全策略。

PKI 安全策略建立和定义了一个组织信息安全方面的指导方针，同时也定义了密码系统使用的处理方法和原则。它包括一个组织怎样处理密钥和有价值的信息，根据风险的级别定义安全控制的级别。

②证书机构 CA。

证书机构 CA 是 PKI 的信任基础，它管理公钥的整个生命周期，其作用包括：发放证书、规定证书的有效期和通过发布证书废除列表（CRL）确保必要时可以废除证书。

③注册机构 RA。

注册机构 RA 提供用户和 CA 之间的一个接口，它获取并认证用户的身份，向 CA 提出证书请求。它主要完成收集用户信息和确认用户身份的功能。这里指的用户，是指将要向认证中心（即 CA）申请数字证书的客户，可以是个人，也可以是集团或团体、某政府机构等。注册管理一般由一个独立的注册机构（即 RA）来承担。它接受用户的注册申请，审查用户的申请资格，并决定是否同意 CA 给其签发数字证书。注册机构并不给用户签发证书，而只是对用户进行资格审查。因此，RA 可以设置在直接面对客户的业务部门，如银行的营业部、机构认证部门等。当然，对于一个规模较小的 PKI 应用系统来说，可把注册管理的职能由认证中心 CA 来完成，而不设立独立运行的 RA。但这并不是取消了 PKI 的注册功能，而只是将其作为 CA 的一项功能而已。PKI 国际标准推荐由一个独立的 RA 来完成注册管理的任务，可以增强应用系统的安全。

④证书发布系统。

证书发布系统负责证书的发放，如可以通过用户自己，或是通过目录服务器发放。目录服务器可以是一个组织中现存的，也可以是 PKI 方案中提供的。

参考答案

（46）B　（47）A

试题（48）

PDR 模型是最早体现主动防御思想的一种网络安全模型，包括＿（48）＿3 个部分。

（48）A．保护、检测、响应　　B．保护、检测、制度
C．检测、响应、评估　　D．评估、保护、检测

试题（48）分析

本题考查网络安全的基础知识。

PDR 模型由美国国际互联网安全系统公司（ISS）提出，它是最早体现主动防御思想的一种网络安全模型。PDR 模型包括 Protection（保护）、Detection（检测）、Response（响应）3 个部分。

保护就是采用一切可能的措施来保护网络、系统以及信息的安全。保护通常采用的技术及方法主要包括加密、认证、访问控制、防火墙以及防病毒等。

检测可以了解和评估网络和系统的安全状态，为安全防护和安全响应提供依据。检测技术主要包括入侵检测、漏洞检测以及网络扫描等技术。

应急响应在安全模型中占有重要地位，是解决安全问题的最有效办法。解决安全问题就是解决紧急响应和异常处理问题。

参考答案

（48）A

试题（49）

两台运行在 PPP 链路上的路由器配置了 OSPF 单区域，当这两台路由器的 Router ID 设置相同时，＿（49）＿。

（49）A．两台路由器将建立正常的完全邻居关系
B．VRP 会提示两台路由器的 Router ID 冲突
C．两台路由器将会建立正常的完全邻接关系
D．两台路由器将不会互相发送 hello 信息

试题（49）分析

本题考查 OSPF 的基础知识。

Router ID 是一个区域的概念，同时也是一个路由器的标示。只要在不同区域，Router ID 相同是没有关系的，但是在同一个区域的情况下，只能学到一个路由并提示报警。

参考答案

（49）B

试题（50）

管理员无法通过 Telnet 来管理路由器，下列故障原因中不可能的是＿（50）＿。

（50）A．该管理员用户账号被禁用或删除
B．路由器设置了 ACL
C．路由器的 Telnet 服务被禁用

D．该管理员用户账号的权限级别被修改为 0

试题（50）分析

本题考查 Telnet 的基础知识。

管理员用户账号的权限 0 级（即参观级）也是可以使用网络管理功能的。比如，网络诊断工具命令（ping、tracert）、从本设备出发访问外部设备的命令（包括 Telnet 客户端、SSH）等。

参考答案

（50）D

试题（51）

PPP 是一种数据链路层协议，其协商报文中用于检测链路是否发生自环的参数是　（51）　。

（51）A．MRU　　B．ACCM　　C．Magic Number　　D．ACFC

试题（51）分析

本题考查 PPP 协议的基础知识。

点对点协议（Point to Point Protocol，PPP）为在点对点连接上传输多协议数据包提供了一个标准方法。PPP 最初设计是为两个对等节点之间的 IP 流量传输提供一种封装协议。

- 最大接收单元（Maximum-Receive-Unit，MRU）用于协商 PPP 链路的最大包传输能力，该选项向对端指出本端能够接收的最大报文长度，以字节为单位。
- 异步控制字符映射（Async-Control-Character-Map，ACCM）选项是在异步链路上用来通知对端哪些字符被本端用于控制，必须被转义（映射）。
- 魔术字（Magic Number）选项用来协商双方的魔术字，两端魔术字不能重复，魔术字可用来检测链路的环回情况。
- 地址控制域压缩（Address-and-Control-Field-Compression，ACFC）选项是用来协商 PPP 报文的地址、控制域是否可以被压缩。

综合上述参数的解释，PPP 协商报文中用于检测链路是否发生自环的参数是 Magic Number。

参考答案

（51）C

试题（52）

以下关于 RIP 路由协议与 OSPF 路由协议的描述中，错误的是　（52）　。

（52）A．RIP 基于距离矢量算法，OSPF 基于链路状态算法

B．RIP 不支持 VLSM，OSPF 支持 VLSM

C．RIP 有最大跳数限制，OSPF 没有最大跳数限制

D．RIP 收敛速度慢，OSPF 收敛速度快

试题（52）分析

本题考查 RIP 路由协议和 OSPF 路由协议相关的基础知识。

路由信息协议（Routing Information Protocol，RIP）是一种使用最广泛的内部网关协议（IGP）。RIP 是一种分布式的基于距离矢量的路由选择协议，是因特网的标准协议，其最大

优点就是实现简单，开销较小。但 RIP 的缺点也较多。首先，其限制了网络的规模，能使用的最大距离为 15（16 表示不可达）；其次路由器交换的信息是路由器的完整路由表，因而随着网络规模的扩大，开销也就增加；最后，“坏消息传播得慢”，使更新过程的收敛时间过长。RIPv2 支持 CIDR 及 VLSM 可变长子网掩码，使其支持不连续子网设计。

开放式最短路径优先（Open Shortest Path First，OSPF）是广泛使用的一种动态路由协议，它属于链路状态路由协议，具有路由变化收敛速度快、无路由环路、支持变长子网掩码（VLSM）和汇总、层次区域划分等优点。OSPF 协议当中对于路由的跳数是没有限制的，所以 OSPF 协议能用在许多场合，同时也支持更加广泛的网络规模。如果网络结构出现改变，OSPF 协议的系统会以最快的速度发出新的报文，从而使新的拓扑情况很快扩散到整个网络；而且，OSPF 采用周期较短的 HELLO 报文来维护邻居状态。

综上所述，RIP 路由协议基于距离矢量算法，有最大跳数限制，收敛速度慢，RIPv2 支持 VLSM 可变长子网掩码；OSPF 路由协议基于链路状态算法，支持 VLSM，没有最大跳数限制，收敛速度快。

参考答案

（52）B

试题（53）

以下关于 OSPF 协议路由聚合的描述中，正确的是__（53）__。

（53）A．ABR 会自动聚合路由，无需手动配置
　　B．在 ABR 和 ASBR 上都可以配置路由聚合
　　C．一台路由器同时做 ABR 和 ASBR 时不能聚合路由
　　D．ASBR 上能聚合任意的外部路由

试题（53）分析

本题考查 OSPF 协议路由聚合方面的基础知识。

OSPF 协议路由聚合是指区域边界路由器（Area Border Routers，ABR）或自治系统边界路由器（Autonomous System Boundary Routers，ASBR）将具有相同前缀的路由信息聚合，只发布一条路由到其他区域。OSPF 不会自动聚合路由，需要手动配置。在 ABR 和 ASBR 上都可以配置路由聚合。在 ABR 上聚合区域间的路由，生成聚合的三类 LSA；在 ASBR 上聚合外部路由，生成聚合的五类 LSA。一台路由器同时做 ABR 和 ASBR 时，也能聚合路由。ABR 和 ASBR 都只能将具有相同前缀的路由信息聚合。

参考答案

（53）B

试题（54）

在 Windows 系统中，默认权限最低的用户组是__（54）__。

（54）A．System　　　　　　　　B．Administrators
　　C．Power Users　　　　　　D．Users

试题（54）分析

本题考查 Windows 系统中各类用户权限相关的基础知识。

System 账户拥有 Windows 的最高权限，比常见的 Administrators（管理员）的权限更高；Power Users 用户的权限高于 Users 普通用户，低于 Administrators 管理员用户。Administrators 能改变系统所有设置，可以安装和删除程序，能访问计算机上所有的文件。Power Users 是标准用户，Users 是受限用户。Power Users 组的系统权限就是在 Users 组基础上增加了部分安装权限，也就是说可以安装一些不改变系统环境或者是创建系统服务的安装程序。

参考答案

（54）D

试题（55）

在 Linux 系统中，保存密码口令及其变动信息的文件是__（55）__。

（55）A．/etc/users　　B．/etc/group
　　　C．/etc/passwd　　D．/etc/shadow

试题（55）分析

本题考查 Linux 系统中部分配置文件的功能相关的基础知识。

/etc/users 文件保存有用户账号的信息。/etc/group 文件是用户组配置文件，保存用户组的所有信息。在/etc/passwd 文件中每个用户都有一个对应的记录行，它记录了这个用户的一些基本属性。Linux 系统使用 shadow 技术，把真正的加密后的用户口令字存放到/etc/shadow 文件中，而在/etc/passwd 文件的口令字段中只存放一个特殊的字符，例如“x”或者“*”。

因此，保存密码口令及其变动信息的文件是/etc/shadow。

参考答案

（55）D

试题（56）

EPON 可以利用__（56）__定位 OLT 到 ONU 段的故障。

（56）A．EPON 远端环回测试　　B．自环测试
　　　C．OLT 端外环回测试　　D．ONU 端外环回测试

试题（56）分析

本题考查 EPON 故障定位的相关知识。

EPON 是一种基于光纤传送网的长距离的以太网接入技术。EPON 采用点对多点架构，一根光纤承载上下行数据信号，经过 1∶N 分光器将光信号等分成 N 路，以光分支覆盖多个接入点或接入用户。一套典型的 EPON 系统由 OLT、ONU、ODN 组成。EPON 的网络结构如下图所示。

OLT 作为整个网络/节点的核心和主导部分，完成 ONU 注册和管理、全网的同步和管理以及协议的转换、与上联网络之间的通信等功能；ONU 作为用户端设备，在整个网络中属于从属部分，完成与 OLT 之间的正常通信并为终端用户提供不同的应用端口。ODN 在网络中定义为从 OLT 到 ONU 的线路部分，是整个网络信号传输的载体。

从下图可知，EPON 定位 OLT 到 ONU 段的故障可以使用 EPON 远端环回测试，OLT 或 ONU 端外环回测试无法定位 OLT 到 ONU 段的故障。

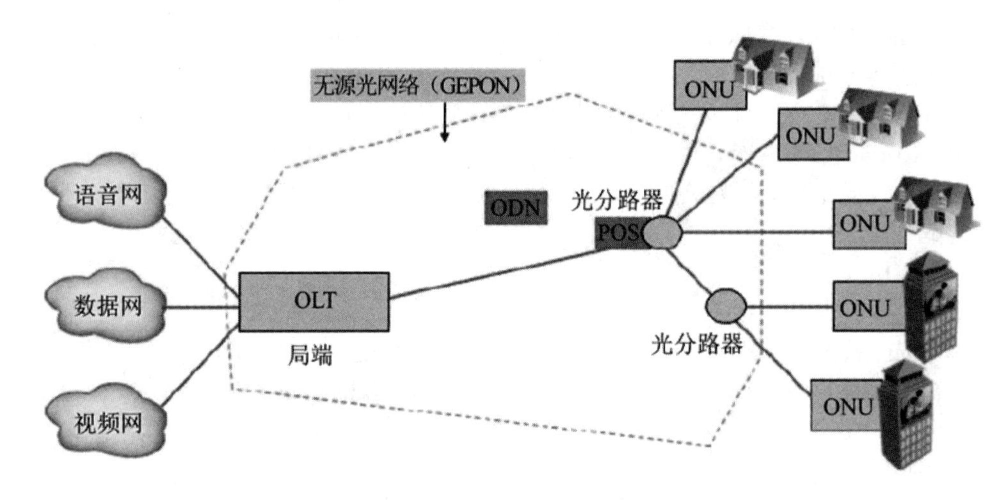

参考答案

（56）A

试题（57）

以下关于单模光纤与多模光纤区别的描述中，错误的是__（57）__。

（57）A．单模光模块的工作波长一般是 1310nm、1550nm，多模光模块的工作波长一般是 850nm

B．单模光纤纤径一般为 9/125μm，多模光纤纤径一般为 50/125μm 或 62.5/125μm

C．单模光纤常用于短距离传输，多模光纤多用于远距离传输

D．单模光纤的光源一般是 LD 或光谱线较窄的 LED，多模光纤的光源一般是发光二极管或激光器

试题（57）分析

本题考查单模光纤与多模光纤的基础知识。

单模光纤与多模光纤的区别如下：

- 波长不同。一般多模光波长为 850nm，单模光波长则主要以 1310nm 和 1550nm 为主。多模光模块由于模间色散比较严重，只能用于短距离传输（SR）；而单模光纤多用于 LR、ER、ZR 等远距离传输。
- 应用范围不同。多模光纤多用于传输速率相对较低，传输距离相对较短的网络中，如局域网等，这类网络中通常具有节点多、接头多、弯路多、连接器与耦合器的用量大以及单位光纤长度使用光源个数多等特点，使用多模光纤可以有效地降低网络成本；单模光纤多用于传输距离长，传输速率相对较高的线路中，如长途干线传输，城域网建设等。
- 光纤类型不同。多模光纤简称 MMF，纤径一般为 50/125μm 或者 62.5/125μm。单模光纤简称 SMF，纤径为 9/125μm。
- 成本不同。单模光模块中使用的器件是多模光模块的两倍，所以单模光模块的总体成本要远远高于多模光模块。

- 光源不同。多模光纤的光源是发光二极管或激光器，而单模光纤的光源是 LD 或光谱线较窄的 LED。
- 传输距离不同。单模光纤常用于远距离传输，传输距离可达 150km 至 200km。多模光纤则用于短距离传输中，传输距离可达 5km。

参考答案

（57）C

试题（58）

每一个光纤通道节点至少包含一个硬件端口，按照端口支持的协议标准有不同类型的端口，其中 NL_PORT 是＿（58）＿。

（58）A．支持仲裁环路的节点端口　　B．支持仲裁环路的交换端口

C．光纤扩展端口　　D．通用端口

试题（58）分析

本题考查光纤交换机的端口相关的基础知识。

光纤交换机的端口如下：

- N_PORT：NODE PORT（节点端口），节点连接点，光纤通道通信的终端。
- F_PORT：FABRIC PORT（光纤端口），一种交换连接端口，也就是两个 N_PORT 连接的“中间端口”。
- NL_PORT：NODE LOOP PORT（节点环路端口），通过它们的 NL_PORT 连接到其他端口，或通过一个单独的 FL_Port 连接到交换后的光纤网络；或是 NL_PORT 连接到 FL_PORT 到 F_PORT 到 N_PORT（通过交换机）。
- FL_PORT：FABRIC LOOP PORT（光纤环路端口），一种共享的为 AL（已裁定的环路）设备提供进入光纤网络服务的端口；例子，NL_PORT 到 FL_PORT 到 F_PORT 到 N_PORT。
- E_PORT：EXPANSION PORT（扩展端口），用于通过 ISL（内部交换链接）连接多个交换机。
- G_PORT：GENERIC PORT（通用端口），可根据连接方式，在 F_PORT 和 E_PORT 之间进行切换。

因此，NL_PORT 是支持仲裁环路的节点端口。

参考答案

（58）A

试题（59）

光纤通道提供了三种不同的拓扑结构，在光纤交换拓扑中 N_PORT 端口通过相关链路连接至＿（59）＿。

（59）A．NL_PORT　　B．FL_PORT　　C．F_PORT　　D．E_PORT

试题（59）分析

本题考查光纤交换机的端口相关的基础知识。

NL_PORT、FL_PORT、F_PORT、E_PORT 的解释见上题分析。

在光纤交换拓扑中，N_PORT 端口通过相关链路连接至 F_PORT。

参考答案

（59）C

试题（60）

企业级路由器的初始配置文件通常保存在＿（60）＿上。

（60）A．SDRAM　　B．NVRAM　　C．Flash　　D．Boot ROM

试题（60）分析

本题考查路由器的配置知识。

通常情况下 Flash 容量较大，可以用来存放系统文件以及配置文件；SDRAM 是系统运行的缓存空间；NVRAM 配置文件临时缓存，容量较小；Boot ROM 是只读存储设备。

参考答案

（60）C

试题（61）

RAID1 中的数据冗余是通过＿（61）＿技术实现的。

（61）A．XOR 运算　　B．海明码校验　　C．P+Q 双校验　　D．镜像

试题（61）分析

本题考查存储的基础知识。

RAID1 通过磁盘数据镜像实现数据冗余，在成对的独立磁盘上产生互为备份的数据。

参考答案

（61）D

试题（62）

在 IEEE 802.11WLAN 标准中，频率范围在 5.15GHz～5.35GHz 的是＿（62）＿。

（62）A．802.11　　B．802.11a　　C．802.11b　　D．802.11g

试题（62）分析

本题考查无线网络的基础知识。

802.11b 数据传输速率能达到 11Mb/s，规定采用 2.4GHz 频带。

802.11a 数据传输速率为 54Mb/s，规定采用 5GHz 频带。

802.11g 数据传输速率为 54Mb/s，规定采用 2.4GHz 频带，其较低的工作频率对于室内 WLAN 环境具有更好的传输性能，与基于 802.11a 的设备相比，该标准传输的距离更远。

参考答案

（62）B

试题（63）

在进行室外无线分布系统规划时，菲涅尔区的因素影响在＿（63）＿方面，是一个重要的指标。

（63）A．信道设计　　B．宽带设计　　C．覆盖设计　　D．供电设计

试题（63）分析

本题考查无线网络规划的相关知识。

菲涅尔区是在收发天线之间，由电波的直线路径与折线路径的行程差为 $n\lambda/2$ 的折点（反射点）形成的，以收发天线位置为焦点，以直线路径为轴的椭球面。

参考答案

（63）C

试题（64）、（65）

检查设备单板温度显示如下框中所示，对单板温度正常的判断是__（64）__，如果单板温度异常，首先应该检查__（65）__。

（64）A．Temp(C)小于 Minor　　B．Temp(C)大于 Major
　　　C．Temp(C)大于 Fatal　　D．Temp(C)小于 Major

（65）A．CPU 温度　　B．风扇　　C．机房温度　　D．电源

```
<HUAWEI> display temperature slot 9
  Base-Board, Unit:C, Slot 9
---------------------------------------------------------------------------------------------------------
PCB      I2C ADDr Chl  Status   Minor  Major Fatal FanTMin FanTMax Temp(C)
---------------------------------------------------------------------------------------------------------
NSP120   520 72   0    NORMAL   90     95    100   65      80      53
NSP120   520 73   0    NORMAL   70     75    80    0       65      39
```

试题（64）、（65）分析

本题考查网络设备故障检测的相关知识。

题中所示命令的作用是查看设备温度信息。Temp(C)为当前温度，Minor 为轻微报警最低值，Major 为严重报警最低值，Fatal 为致命报警值，当温度达到或者超过致命报警值时，可能会引起设备工作异常或设备损坏。

单板温度异常首先应检查是否存在风扇故障。

参考答案

（64）A　（65）B

试题（66）

在华为 VRP 平台上，直连路由、OSPF、RIP、静态路由按照优先级从高到低的排序是__（66）__。

（66）A．OSPF、直连路由、静态、RIP　　B．直连路由、静态、OSPF、RIP
　　　C．OSPF、RIP、直连路由、静态　　D．直连路由、OSPF、静态、RIP

试题（66）分析

本题考查路由的基础知识。

在不同设备上，优先级排序不一样。在华为的 VRP 平台中，直接路由优先级是 0、OSPF 优先级是 10、静态路由优先级是 60、RIP 优先级是 110。

参考答案

（66）D

试题（67）

网络管理员监测到局域网内计算机的传输速度变得很慢，可能造成该故障的原因有__（67）__。

①网络线路介质故障　　②计算机网卡故障　　③蠕虫病毒

④WannaCry 勒索病毒　　⑤运营商互联网接入故障　　⑥网络广播风暴

（67）A．①②⑤⑥　　B．①②③④　　C．①②③⑤　　D．①②③⑥

试题（67）分析

本题考查网络故障排查方面的知识。

网络线路介质和计算机网卡故障会造成网络传输效率低下，影响网络传输速度；蠕虫病毒和网络广播风暴会造成局域网网络传输拥塞，影响网络传输速度；WannaCry 勒索病毒主要表现为对重要数据文件加密进行勒索；运营商互联网接入故障不会造成局域网内计算机传输速度变化。

参考答案

（67）D

试题（68）

某大楼干线子系统采用多模光纤布线，施工完成后，发现设备间子系统到楼层配线间网络丢包严重，造成该故障的可能原因是__（68）__。

（68）A．该段光缆至少有 1 芯光纤断了　　B．光纤熔接不合格，造成光衰大

C．该段光缆传输距离超过 100 米　　D．水晶头接触不良

试题（68）分析

本题考查网络故障排查方面的知识。

不同的多模光纤有效传输距离不同，其最短距离也能到 200 多米。如果光缆断了，故障表现为物理链路中断，而不是网络丢包，光纤传输时如果出现网络丢包严重，一般是由于光衰过大造成的。

参考答案

（68）B

试题（69）

如图 1 所示，某网络中新接入交换机 SwitchB，交换机 SwitchB 的各接口均插入网线后，SwitchA 的 GE1/0/3 接口很快就会处于 down 状态，拔掉 SwitchB 各接口的网线后（GE1/0/1 除外），SwitchA 的 GE1/0/3 接口很快就会恢复到 up 状态，SwitchA 的 GE1/0/3 接口配置如图 2 所示，请判断造成该故障的原因可能是__（69）__。

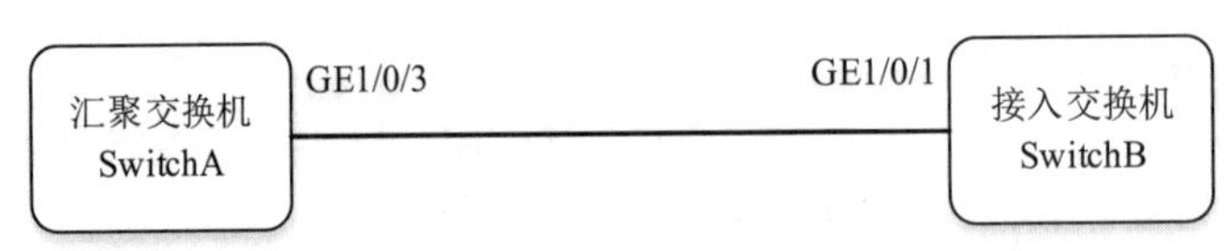

图 1

```
interface GigabitEthernet1/0/3
 loopback-detect recovery-time 30
 loopback-detect enable
 loopback-detect action shutdown
```

图 2

（69）A．SwitchB 存在非法 DHCP 服务器　　B．SwitchB 存在环路
　　C．SwitchA 性能太低　　D．SwitchB 存在病毒

试题（69）分析

本题考查网络交换机环路检测方面的知识。

从图 2 的配置可知在 SwitchA 的 GE1/0/3 接口启用环路检测，当该接口下出现环路时，接口会 shutdown。

参考答案

（69）B

试题（70）

某数据中心配备 2 台核心交换机 CoreA 和 CoreB，并配置 VRRP 协议实现冗余。网络管理员例行巡查时，在核心交换机 CoreA 上发现内容为“The state of VRRP changed from master to other state”的报警日志，经过分析，下列选项中不可能造成该报警的原因是__（70）__。

（70）A．CoreA 和 CoreB 的 VRRP 优先级发生变化
　　B．CoreA 发生故障
　　C．CoreB 发生故障
　　D．CoreB 从故障中恢复

试题（70）分析

本题考查路由交换机故障分析判断方面的知识。

虚拟路由冗余协议（Virtual Router Redundancy Protocol，VRRP）是一种容错协议，由两台或多台路由器组成，当其中一台出现故障时，自动切换到其他设备，实现关键路径的冗余，其工作状态有 Initialize、Master、Backup 三种。核心交换机 CoreA 上的报警日志“The state of VRRP changed from master to other state”表示该交换机的 VRRP 状态发生变化，从 master 转换到其他状态。VRRP 状态转换一般发生在路由器故障或从故障中恢复时，从日志分析，不可能造成的原因应该是 CoreB 发生故障，如果 CoreB 发生故障，则 CoreA 应该是从 backup 转换到 master 状态。

参考答案

（70）C

试题（71）～（75）

Secure Shell (SSH) is a cryptographic network protocol for operating network services securely over an __（71）__ network. Typical applications include remote command-line, login, and remote command execution, but any network service can be secured with SSH. The protocol works in the （72） model, which means that the connection is established by the SSH client connecting to the SSH server. The SSH client drives the connection setup process and uses public key cryptography to verify the （73） of the SSH server. After the setup phase the SSH protocol uses strong （74） encryption and hashing algorithms to ensure the privacy and integrity of the data that is exchanged between the client and server. There are several options that can be used for user authentication. The most common ones are passwords and （75） key authentication.

（71）A．encrypted　B．unsecured　C．authorized　D．unauthorized
（72）A．C/S　B．B/S　C．P2P　D．distributed
（73）A．capacity　B．services　C．applications　D．identity
（74）A．dynamic　B．random　C．symmetric　D．asymmetric
（75）A．public　B．private　C．static　D．dynamic

参考译文

安全外壳协议（SSH）是一种在不安全网络上安全地进行网络服务的加密网络协议。典型的应用包括远端命令行、登录、远端命令执行。任何网络服务都可以用 SSH 加密。该协议工作在 C/S 模式下，这意味着由 SSH 客户端建立与 SSH 服务器之间的连接。SSH 客户端驱动着连接的建立过程，并使用公有密钥来验证 SSH 服务器的身份。连接建立后，SSH 协议使用强对称加密和哈希算法，保证客户端和服务器之间数据交互的私有性和完整性。有多种用户认证方式，最常用的是密码和公有密钥认证。

参考答案

（71）B　（72）A　（73）D　（74）C　（75）A

第11章　2020下半年网络规划设计师下午试题I分析与解答

试题一（共25分）

阅读以下说明，回答问题1至问题4，将解答填入答题纸对应的解答栏内。

【说明】

某居民小区FTTB+HGW网络拓扑如图1-1所示。GPON OLT部署在汇聚机房，通过聚合方式接入到城域网；ONU部署在居民楼楼道交接箱里，通过用户家中部署的LAN上行的HGW来提供业务接入接口。

HGW通过ETH接口上行至ONU设备，下行通过FE/WiFi接口为用户提供Internet业务，通过FE接口为用户提供IPTV业务。

HGW提供PPPoE拨号、NAT等功能，可以实现家庭内部多台PC共享上网。

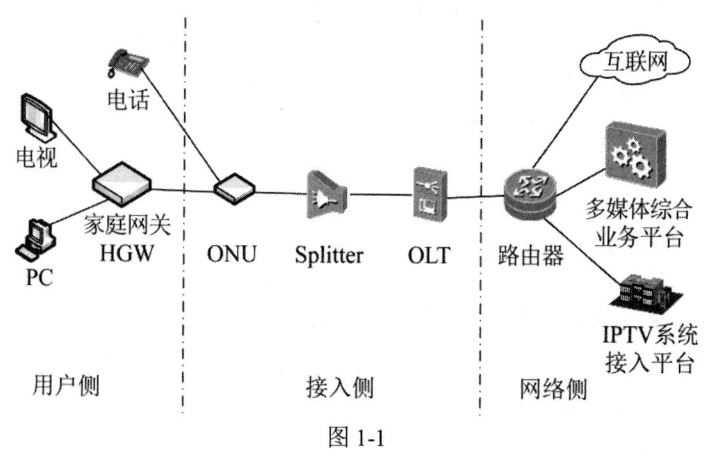

图1-1

【问题1】（8分）

1. 对网络进行QoS规划时，划分了语音业务、管理业务、IPTV业务、上网业务，其中优先级最高的是__（1）__，优先级最低是__（2）__。

2. 通常情况下，一路语音业务所需的带宽应达到或接近__（3）__kb/s，一路高清IPTV所需的带宽应达到或接近__（4）__Mb/s。

（3）、（4）的备选答案：

A．100　　B．10　　C．1000　　D．50

3. 简述上网业务数据规划的原则。

【问题2】（10分）

小区用户上网业务需要配置的内容包括OLT、ONU、家庭网关HGW，其中：

1. 在家庭网关HGW上配置的有__（5）__和__（6）__。

2. 在 ONU 上配置的有＿（7）＿、＿（8）＿、＿（9）＿和＿（10）＿。

3. 在 OLT 上配置的有＿（11）＿、＿（12）＿、＿（13）＿和＿（14）＿。

（5）～（14）的备选答案：

A．配置语音业务

B．配置上网业务

C．配置 IPTV 业务

D．配置聚合、拥塞控制及安全策略

E．增加 ONU

F．配置 OLT 和 ONU 之间的业务通道

G．配置 OLT 和 ONU 之间的管理通道

【问题 3】（3 分）

某 OLT 上的配置命令如下所示。

步骤 1：

```
huawei(config)         #vlan 8 smart
huawei(config)         #port vlan 8 0/19 0
huawei(config)         #vlan priority 8 6
huawei(config)         #interface vlanif 8
huawei(config-if-vlanif8) #ip address 192.168.50.1 24
huawei(config-if-vlanif8) #quit
```

步骤 2：

huawei(config)#interface gpon 0/2　注释：ONU 通过分光器接在 GPON 端口 0/2/1 下

```
huawei(config-if-gpon-0/2)#ont ipconfig 1 1 static ip-address 192.168.50.2 mask 255.255.255.0 gateway 192.168.50.254 vlan 8
huawei(config-if-gpon-0/2)#quit
```

步骤 3：

```
huawei(config)#service-port 1 vlan 8 gpon 0/2/1 ont 1 gemport 11 multi-service user-vlan 8 rx-cttr 6 tx-cttr 6
```

简要说明步骤 1～3 命令片段实现的功能。

步骤 1：＿（15）＿。

步骤 2：＿（16）＿。

步骤 3：＿（17）＿。

【问题 4】（4 分）

在该网络中，用户的语音业务（电话）的上联设备是 ONU，采用 H.248 语音协议，通过运营的＿（18）＿接口和语音业务通道接入网络侧的＿（19）＿。

试题一分析

本题考查 FTTB+HGW 的全局配置案例。本案例来源于运营商为家庭用户提供的网络、

电视、语音的一体化解决方案。其中 FTTB 指光纤到楼（Fiber to The Building）；HGW 指家庭综合网关（是面向家庭和小型办公网络用户设计的网关设备，能提供路由功能，支持多种业务接口，如 POTS、LAN/WLAN 或 xDSL 等，并支持远程管理与诊断）。

【问题 1】

FTTB 的 QoS 规划是端到端的，不同业务报文通过 VLAN ID 进行区分，对于 GPON 系统基于 802.1p 优先级进行 GEM Port 映射。队列调度方式采用 PQ（Priority Queue，优先级队列）。通常情况下，管理业务、语音业务、IPTV 业务、上网业务的 802.1p 的优先级分别设定为 6、5、4、0。

语音业务带宽上下行对称，实际带宽与通信双方采用的编解码格式有关，一般情况下 100 kb/s 即可满足大部分应用场景；IPTV 业务主要占用下行带宽，实际带宽主要取决于 IPTV 头端设备采用的编码格式、画中画信息等因素，同时考虑 10%的带宽突发度以及每用户允许同时观看的节目数（多机顶盒接入）。通常一路 IPTV 高清视频的带宽需求是 9.7Mb/s。

上网业务采用 SVLAN+CVLAN 双层 VLAN，在 ONU 基于用户端口映射内层 CVLAN，保证同一 PON 板下每个 ONU 的 CVLAN 不重复，在 OLT 进行 VLAN 切换并加一层 SVLAN：C'VLAN<->SVLAN +CVLAN（即 QinQ 采用的是层次化 VLAN 技术区分用户 CVLAN 和运营商的 SVLAN）。

【问题 2】

FTTB+HGW 组网场景（语音业务由 ONU 提供）下的配置详细步骤如下表所示。

配置主体	配置步骤	配置说明
OLT	OLT 上增加 ONU	只有在 OLT 上成功增加 ONU 后，才能对 ONU 进行相关配置
	配置 OLT 和 ONU 之间的管理通道	打通了 OLT 和 ONU 之间的带内管理通道后，即可以通过 OLT 登录到 ONU 上，对 ONU 进行相关配置
	配置 OLT 和 ONU 之间的业务通道	在 OLT 上分别创建上网等业务通道，使 ONU 业务可以正常转发
ONU	配置上网业务	由于 ONU 所支持的硬件能力不同，可以细分为 LAN 上网、ADSL2+上网、VDSL2 上网和 VDSL2 Vectoring 上网业务，实际配置时根据 ONU 所提供的端口，选择其中一种配置
	配置语音业务	语音业务有 H.248 和 SIP 两种协议，它们是互斥关系，即同时只能配置一种协议
	配置 IPTV 业务	IPTV 业务包括 VOD 点播业务和组播业务，两者配置存在差异，需要分别进行配置
OLT ONU	配置聚合、拥塞控制及安全策略	通过全局配置上行链路聚合、队列优先级调度，保障业务的可靠性；通过全局配置安全策略，保障业务的安全性
HGW	配置上网业务（HGW 侧）	-
	配置 IPTV 业务（HGW 侧）	-
ONU	验证业务	ONU 提供了 PPPoE 拨号仿真、呼叫仿真及组播业务仿真的远程验证方法，便于调测配置工程师在完成业务配置后，不用二次进站，远程即可进行业务验收

【问题 3】

题中所给命令片段的作用是配置 OLT 和 ONU 之间的管理通道，实现从 OLT 远程登录 ONU 进行配置，要求 OLT 管理 VLAN 与 ONU 的管理 VLAN 相同，管理 IP 与 ONU 的管理 IP 在同一网段。

步骤 1 配置 OLT 的带内管理 VLAN 为 8，VLAN 优先级为 6，IP 地址为 192.168.50.1/24。

步骤 2 配置 ONU 的静态 IP 地址为 192.168.50.2/24，网关为 192.168.50.254，管理 VLAN 为 8（同 OLT 的管理 VLAN）。

步骤 3 的配置业务流索引为 1，管理 VLAN 为 8，GEM Port ID 为 11，用户侧 VLAN 为 8。OLT 上对带内管理业务流不限速，因此直接使用索引为 6 的缺省流量模板。

【问题 4】

在配置语音业务时需要明确的是：ONU 支持的语音协议有 H.248 和 SIP，但同一时间只支持一种，可以在 ONU 上通过 display protocol support 命令查询当前支持的语音协议；如果需要切换，要在确保 MG 接口（H.248 协议）或 SIP 接口（SIP 协议）、全局数据已经删除的情况下，使用 protocol support 命令进行协议的切换。设置完成后，需要保存配置并重新启动系统，配置的协议类型才能生效。

参考答案

【问题 1】

1.（1）管理业务

（2）上网业务

2.（3）A

（4）B

3. 不同场景下 VLAN 的规划、VLAN 切换策略的规划。

【问题 2】

（5）B

（6）C（注：（5）（6）答案可互换）

（7）B

（8）A

（9）C

（10）D（注：（7）～（10）答案可互换）

（11）E

（12）F

（13）G

（14）D（注：（11）～（14）答案可互换）

【问题 3】

（15）配置 OLT 的带内管理 VLAN 和 IP 地址。

（16）配置 ONU 的带内管理 VLAN 和 IP 地址。

（17）配置带内管理业务流。

【问题 4】

（18）MG

（19）多媒体综合业务平台

试题二（共 25 分）

阅读以下说明，回答问题 1 至问题 4，将解答填入答题纸对应的解答栏内。

【说明】

某企业数据中心拓扑如图 2-1 所示，均采用互联网双线接入，实现冗余和负载。两台核心交换机通过虚拟化配置实现关键链路冗余和负载均衡，各服务器通过 SAN 存储网络与存储系统连接。关键数据通过虚拟专用网络加密传输，定期备份到异地灾备中心，实现数据冗余。

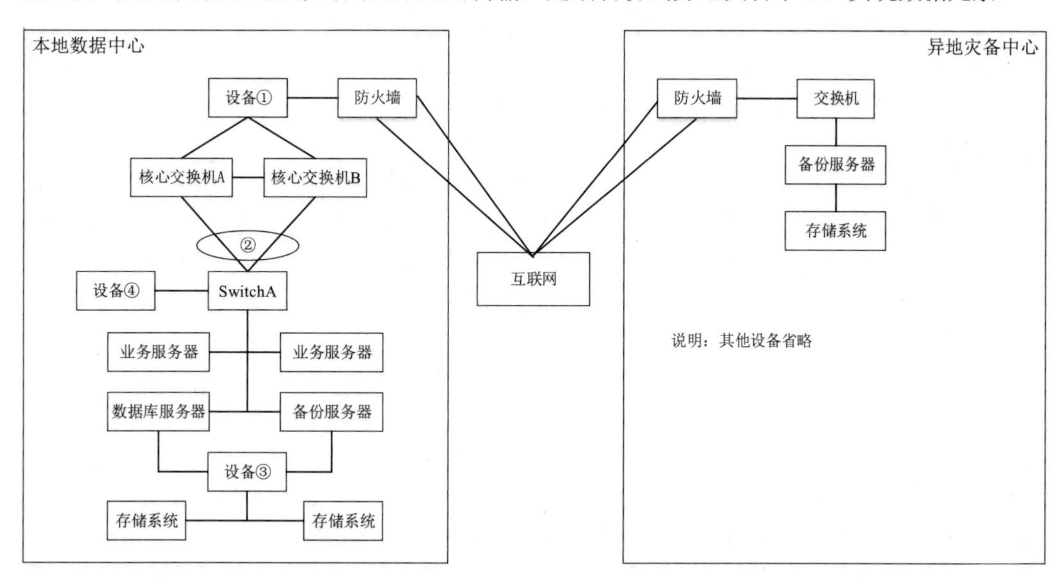

图 2-1

【问题 1】（8 分）

在①处部署__（1）__设备，实现链路和业务负载，提高线路和业务的可用性。

在②处配置__（2）__实现 SwitchA 与两台核心交换机之间的链路冗余。

在③处部署__（3）__设备，连接服务器 HBA 卡和各存储系统，在该设备上配置__（4）__将连接在 SAN 网络中的设备划分为不同区域，隔离不同的主机和设备。

【问题 2】（8 分）

为保障关键数据安全，利用虚拟专用网络，在本地数据中心与异地灾备中心之间建立隧道，使用 IPSec 协议实现备份数据的加密传输，IPSec 使用默认端口。

根据上述需求回答以下问题：

1. 应在④处部署什么设备实现上述功能需求？

2. 在两端防火墙上需开放 UDP4500 和什么端口？

3. 在有限带宽下如何提高异地备份时的备份效率？

4. 请简要说明增量备份和差异备份的区别。

【问题 3】（6 分）

分布式存储解决方案在实践中得到广泛应用。请从成本、扩容、IOPS、冗余方式、稳定性五个方面对传统集中式存储和分布式存储进行比较，并说明原因。

【问题 4】（3 分）

数据中心设计是网络规划设计的重要组成部分，请简述数据中心选址应符合的条件和要求。（至少回答 3 点）

试题二分析

本题考查数据中心规划、数据冗余备份的相关知识。

此类题目要求考生掌握数据中心规划、关键业务冗余、数据安全、数据备份、分布式存储系统等知识，熟悉集中式存储系统和分布式存储系统的技术特点、性能特点等知识，根据业务需求，合理规划存储系统，要求考生具有数据备份管理、数据中心规划设计的实际经验。

【问题 1】

（1）负载均衡设备的主要功能是实现业务和链路的负载分摊或平衡。在图 2-1 中，有两条互联网线路，配备负载均衡设备后，针对不同需求，通过基于目标地址、源地址的策略路由，可以实现两条线路的流量分摊；针对来自外部的访问，可以通过业务负载策略，将业务流量分摊到业务集群的不同节点上，实现业务负载平衡。因此，在①处部署负载均衡设备，实现链路和业务负载，提高线路和业务的可用性。

（2）链路聚合就是将同一设备上多个网络接口聚合在一起，形成一个逻辑接口。图 2-1 中，SwitchA 同时连接两台核心交换机，连接的两个接口通过链路聚合，可以实现流量分担和链路冗余。在实际应用中，两台核心交换机一般采用 VRRP 主备模式或者通过虚拟化技术，将两台交换机虚拟为一台逻辑交换机实现双 ACTIVE，此时，连接到核心交换机的接入交换机一般采用链路聚合方式，实现链路冗余，因此在②处配置链路聚合。

（3）在 SAN 存储域网络中，通过光纤交换机将服务器的 HBA 和存储系统连接，服务器通过该链路访问存储系统的数据。光纤交换机上通过配置 zone，将连接到 SAN 网络上的服务器设备、存储系统逻辑上划分到不同区域，实现业务隔离，其作用类似以太网交换机上 VLAN 的功能。在③处部署光纤交换机，通过配置 zone 隔离不同的主机和设备。

【问题 2】

1. 从题干描述可知，在④处部署 VPN 设备，本地和异地通过 VPN 设备，即可建立虚拟专用网络，实现数据加密传输。

2. IPSec 的默认端口为 UDP500 和 UDP4500，因此应在两端防火墙上开放这两个端口。

3. 本例中，借助互联网链路进行数据备份，受互联网带宽和 VPN 加密传输限制，传输效率是该备份模式的最大问题。为提高数据备份效率，常采用数据去重、数据压缩等技术，减少每次备份的数据传输量，提高备份效率。也可以在非工作时间利用互联网线路空闲进行备份，使线路带宽得以最大化利用。

4. 在实际工作中，不管本地还是异地备份，常用全备份和差异备份/增量备份相结合的方式进行数据备份。增量备份是指备份上一次全备或者增量备份以来变化的部分，参照物是上一次备份，这种备份方式备份较快但恢复较慢，需要从全备份开始逐个从备份文件恢复数据；差异备份是指备份上一次全备以来所有变化的部分，参照物是上一次全备份，这种备份方式备份时较慢但恢复较快，从全备份开始只需要恢复最后一次备份数据即可实现数据恢复。

【问题 3】

随着信息系统和数据规模的不断扩大，分布式存储逐渐替代传统集中式存储，得到了广泛的应用，这两种存储方式有各自的技术特点和优缺点，也有各自适合的业务场景。两种存储方式的详细比较如下。

成本：分布式存储采用普通服务器和廉价大容量磁盘作为存储节点，成本较低，其规模越大，成本优势越明显。因此集中式存储成本高，分布式存储成本低。

扩容：集中式存储横向扩容受 RAID 技术限制，需要做 RAID 重建。RAID 重建时所有盘都要参与，会有大量 IO 操作，极易造成磁盘故障，风险较高，更换更大容量存储系统又会增加建设成本。分布式存储的构成采用多节点方式，横向扩容只需要增加节点，扩容时，一般会选择数据重平衡，此时会出现数据大量迁移，会对存储系统 IO 带来影响，但是相比集中式存储，还是方便很多。当然，分布式存储节点故障后也会出现副本重构问题，其风险类似 RAID 重建，根据数据冗余情况，风险程度不一。因此集中式存储扩容较难，分布式存储扩容方便。

IOPS：分布式存储的数据存储在多个节点上，可以提供数倍于集中式存储的聚合 IOPS，且随着存储节点的增加而线性增长；虽然高端集中式存储也可以有不错的 IOPS，但是会付出非常高的成本。因此，分布式存储比集中式存储更容易达到更高的 IOPS。

冗余方式：集中式存储通常采用 RAID 实现数据冗余，分布式存储采用多节点多副本存储方式实现数据冗余。

稳定性：集中式存储为一个或一套完整的产品，出厂经过严格测试；分布式存储由不同厂家的多套软硬件集成，结构较复杂，容易受网络和带宽影响，运维要求比较高，稳定性较差。故集中式存储稳定性高，分布式存储稳定性相对较差。

【问题 4】

2018 年 1 月 1 日起实施的国家标准《数据中心设计规范》（GB 50174—2017）的 4.1.1 中，对数据中心选址做出明确要求，具体如下：

（1）电力供给充足可靠，通信快速畅通，交通便捷；

（2）采用水蒸发冷却制冷的数据中心，应考虑水源是否充足；

（3）自然环境应清洁，环境温度有利于节约能源；

（4）应远离产生粉尘、油烟、有害气体或贮存具有腐蚀性、易燃易爆物品的场所；

（5）应远离水灾、火灾和自然灾害隐患区域；

（6）应远离强振源和强噪声源；

（7）应避开强电磁场干扰；

（8）A 级数据中心不宜建在公共停车库的正上方；

（9）大中型数据中心不宜建在住宅小区和商业区内。

参考答案

【问题 1】

（1）负载均衡

（2）链路聚合

（3）光纤交换机/光纤通道交换机/SAN 交换机

（4）zone

【问题 2】

1. VPN 设备或 VPN 加密网关。

2. UDP500。

3. 数据去重技术、数据压缩技术。

4. 增量备份：备份上一次全备或者增量备份以来变化的部分；差异备份：备份上一次全备以来所有变化的部分。

【问题 3】

成本：集中式存储成本高，分布式存储成本低。原因：分布式存储采用普通服务器和廉价大容量磁盘作为存储节点，成本较低。

扩容：集中式存储扩容较难，分布式存储扩容方便。原因：集中式存储扩容需要 RAID 重建，风险高，对业务影响大；分布式存储扩容一般是增加存储节点，扩容非常方便。

IOPS：分布式存储比集中式存储可以达到更高的 IOPS。原因是分布式存储的数据存储于多个节点上，可以提供数倍于集中式存储的聚合 IOPS，且随着存储节点的增加而线性增长。

冗余方式：集中式存储采用 RAID 实现数据冗余，分布式存储采用多节点多副本存储方式实现数据冗余。

稳定性：集中式存储稳定性高，分布式存储稳定性相对较差。原因：集中式存储为一个或一套完整的产品，出厂经过严格测试；分布式存储由不同厂家的多套软硬件集成，结构较复杂，容易受网络和带宽影响，稳定性较差。

【问题 4】

（1）电力供给充足可靠，通信快速畅通，交通便捷；

（2）采用水蒸发冷却制冷的应考虑水源是否充足；

（3）环境温度有利于节约能源；

（4）远离产生粉尘、油烟、有害气体或贮存具有腐蚀性、易燃易爆物品的场所；

（5）远离水灾、火灾和自然灾害隐患区域；

（6）远离强振源和强噪声源；

（7）避开强电磁场干扰；

（8）不宜建在公共停车库的正上方；

（9）大中型数据中心不宜建在住宅小区和商业区内。

注：答出以上条款中的三条即可。

试题三（共 25 分）

阅读以下说明，回答问题 1 至问题 4，将解答填入答题纸对应的解答栏内。

【说明】

案例一

据新闻报道，某单位的网络维护员张某将网线私自连接到单位内部专网，通过专网远程登录到该单位的某银行储蓄所营业员电脑，破解默认密码后以营业员身份登录系统，盗取该银行 83.5 万元。该储蓄所使用与互联网物理隔离的专用网络，且通过防火墙设置层层防护，但最终还是被张某非法入侵，并造成财产损失。

案例二

据国内某网络安全厂商通报，我国的航空航天、科研机构、石油行业、大型互联网公司以及政府机构等多个单位受到多次不同程度的 APT 攻击，攻击来源均为国外几个著名的 APT 组织。比如某境外 APT 组织搭建钓鱼攻击平台，冒充“系统管理员”向某科研单位多名人员发送钓鱼邮件，邮件附件中包含伪造 Office、PDF 图标的 PE 文件或者含有恶意宏的 Word 文件，该单位小李打开钓鱼邮件附件后，其工作电脑被植入恶意程序，获取到小李个人邮箱账号和登录密码，导致其电子邮箱被秘密控制。之后，该 APT 组织定期远程登录小李的电子邮箱收取文件，并利用该邮箱向小李的同事、下级单位人员发送数百封木马钓鱼邮件，导致十余人下载点击了木马程序，相关人员计算机被控制，造成敏感信息被窃取。

【问题 1】（4 分）

安全运维管理为信息系统安全的重要组成部分，一般从环境管理、资产管理、设备维护管理、漏洞和风险管理、网络和系统安全管理、恶意代码管理、备份与恢复管理、安全事件处置、外包运维管理等方面进行规范管理。其中：

1. 规范机房出入管理，定期对配电、消防、空调等设施维护管理应属于＿（1）＿范围；

2. 分析和鉴定安全事件发生的原因，收集证据，记录处理过程，总结经验教训应属于＿（2）＿范围；

3. 制定重要设备和系统的配置和操作手册，按照不同的角色进行安全运维管理应属于＿（3）＿范围；

4. 定期开展安全测评，形成安全测评报告，采取措施应对发现的安全问题应属于＿（4）＿管理范围。

【问题 2】（8 分）

请分析案例一中网络系统存在的安全隐患和问题。

【问题 3】（8 分）

请分析案例二，回答下列问题：

1. 请简要说明 APT 攻击的特点。

2. 请简要说明 APT 攻击的步骤。

【问题 4】（5 分）

结合上述案例，请简要说明从管理层面应如何加强网络安全防范。

试题三分析

本题考查信息安全管理、信息系统风险分析和安全防护的相关知识及应用。

此类题目要求考生具备常见网络攻击、网络系统安全隐患的识别和防范能力，熟悉 APT

攻击的特点和步骤，掌握信息安全管理的相关内容，要求考生具有信息系统安全规划、安全运维、网络攻击防范等方面的实际经验。

【问题 1】

安全运维管理为信息系统安全的重要组成部分，等保 2.0 标准体系中，对安全运维管理提出明确要求，安全运维管理包括环境管理、资产管理、设备维护管理、漏洞和风险管理、网络和系统安全管理、恶意代码管理、备份与恢复管理、安全事件处置、外包运维管理等方面，其中：

（1）环境管理：应指定专门的部门或人员负责机房安全，对机房出入进行管理，定期对机房供配电、空调、温湿度控制、消防等设施进行维护管理。

（2）安全事件处置：应报告所发现的安全弱点和可疑事件；应制定安全事件报告和处置管理制度，明确不同安全事件的报告、处置和响应流程，规定安全事件的现场处理、事件报告和后期恢复的管理职责等；应在安全事件报告和响应处理过程中，分析和鉴定事件产生的原因，收集证据，记录处理过程，总结经验教训；对造成系统中断和造成信息泄露的重大安全事件应采用不同的处理程序和报告程序。

（3）网络和系统安全管理：应划分不同的管理员角色进行网络和系统的运维管理，明确各个角色的责任和权限；应指定专门的部门或人员进行账号管理，对申请账号、建立账号、删除账号等进行控制；应制定重要设备的配置和操作手册，依据手册对设备进行安全配置和优化配置；应详细记录运维操作日志，包括日常巡检工作、运行维护记录、参数的设置和修改等内容。

（4）漏洞和风险管理：应采取必要的措施识别安全隐患，对发现的安全隐患及时进行修补或评估可能的影响后进行修补。应定期开展安全测评，形成安全测评报告，采取措施应对发现的安全问题。

【问题 2】

案例一中的网络系统存在的安全隐患和问题如下：

（1）网络维护员张某将网线私自连接到单位内部专网，说明该网络系统缺少网络准入控制。

（2）通过专网远程登录到该单位的某银行储蓄所营业员电脑，说明该网络系统没有控制远程登录，电脑主机没有设置远程登录限制。

（3）破解默认密码后以营业员身份登录系统，说明该信息系统使用默认密码，没有设置复杂度更高的密码，没有按照要求定期更换密码；作为重要的信息系统，至少应有两种或两种以上组合的身份认证。

（4）该单位配备有各种安全设备，层层防护，但最终被非法入侵，说明该单位网络安全管理不到位，在网络安全防范时，不仅要依靠专业设备和技术手段，也需要制定安全制度、明确安全责任、加强安全培训。

【问题 3】

APT 攻击，即高级可持续威胁攻击（Advanced Persistent Threat）。

1. APT 攻击的特点：

从案例二可知，APT 攻击是多种常见网络攻击手段/技术的组合，通过间接迂回方式，渗透进组织内部系统潜伏起来，持续不断地收集攻击目标相关的各种信息，其潜伏和收集信息时间可能会长达数年，当条件成熟时，伺机而动，达到攻击目的。这类攻击一般是有组织有预谋的，攻击目标一般为国家和政府部门的核心信息系统，一旦对这些系统造成破坏，会对国家安全、社会秩序、经济活动造成非常大的影响。由此可知，APT 攻击除具有一般网络攻击的普遍特点以外，还具有潜伏性、持续性、威胁大等显著特点。

2. APT 攻击的主要步骤：

（1）收集信息或扫描探测：攻击前，攻击者一般通过扫描探测工具、搭建钓鱼网站等方式，收集攻击目标及周围信息，包括网络信息、安全防护信息、人员信息、服务器信息、系统弱点等。

（2）恶意代码投送：利用系统漏洞、邮件附件等方式投送恶意代码或恶意软件。本案例中，攻击者就是利用钓鱼邮件的方式，通过邮件附件投送恶意代码。

（3）利用漏洞：恶意软件投送成功后，利用网络漏洞、系统漏洞，快速复制和传播或者利用漏洞获取其他重要信息，为下一步攻击提供便利。本例中，由于小李的电脑没有禁用 Word 执行或者安装杀毒软件，造成其电脑被植入恶意程序并获取重要信息。

（4）植入木马或植入恶意程序：一旦有漏洞可以被利用，恶意程序就可以下载和安装更多的木马程序，这些木马程序将作为攻击者的工具，完成更多信息搜集任务。

（5）命令与控制或远程控制：当攻击者可以随意安装木马程序时，就可以完成对该计算机系统的长期控制。常见的是安装远程控制软件，主动与外部控制系统连接，此行为很难被检测发现；该计算机系统也可作为肉鸡或者僵尸，作为攻击跳板，执行相关攻击指令。本例中，攻击者控制小李的计算机后，非法获取邮件信息，为完成攻击目标搜集更多信息。

（6）横向渗透并达成目标：一般网络系统内部安全防范级别较低，一旦控制内部电脑系统后，攻击者利用内部网络横向渗透，可以跳过大部分网络安全防护系统，控制更多的电脑或者重要信息系统，逐步靠近攻击目标，并最终达成攻击目标。本例中，攻击者通过小李的邮箱，发送内部邮件，充分利用同事信任度，造成大量内部电脑被控制。

（7）清除痕迹或者删除恶意程序：攻击者完成攻击目标后，为使行踪不泄露，攻击行为不被发现，经常会清除主要路径上的痕迹，达到隐藏目的。

APT 攻击手段多种多样，上述所列为目前已披露的 APT 攻击案例中常见的主要攻击步骤，攻击者针对不同的攻击目标，使用不同的攻击方式，使得 APT 攻击较难防范。

【问题 4】

从案例二的 APT 攻击来看，攻击者经常利用内部网络和系统漏洞进行渗透攻击，由此可见，网络安全防范不能仅针对外部访问，也需要做好内部安全防护，不仅要从技术方面加强防范，也需要在管理层面加强网络安全防范。目前，大部分网络系统最薄弱的就是管理层面的防范。

管理层面的安全防范措施主要有：

（1）制定网络安全管理制度：有完善的网络安全管理制度，才能有法可依、有度可循，从根本上保证网络安全。根据工作需要，应制定人员、岗位、设备、网络、资产等各个方面的安全管理制度。

（2）明确网络安全主体责任：2016 年正式实施的《中华人民共和国网络安全法》中，确定了网络运营者在网络安全维护中的主体责任地位，各单位应建立内部网络安全管理机构，明确各个层级应承担的网络安全责任。

（3）细化网络安全工作职责，责任到人：网络安全管理涉及单位内部每个员工，需要制定详细的网络安全工作职责，明确每个人的责任，做到责任落实到人。

（4）合理分配人员权限、最小权限和加强审计：针对所有的信息系统和管理人员，应细化人员权限，合理分配权限，实现权限最小化原则。不能图方便设立超级管理员权利，至少设立业务、维护、审计三种权限角色，加强操作审计。

（5）加强网络安全意识和技能培训：通过培训，使大家认识到网络安全的重要性和必要性，才能有更好的个人网络安全防范意识。网络安全攻击手段层出不穷，攻击技术不断演变发展，网络安全管理者应通过参加培训和学习，不断提升网络安全防范能力和水平。

（6）强化网络安全执行监督：通过加强执行检查和监督，奖罚分明，发现漏洞，及时整改，促进网络安全管理制度有效执行，提高网络安全防范能力。

参考答案

【问题 1】

（1）环境管理

（2）安全事件处置

（3）网络和系统安全管理

（4）漏洞和风险管理

【问题 2】

①缺少网络准入控制；

②没有设置远程登录和访问权限，限制非授权访问；

③没有按要求定期更换系统密码或设置复杂度高的密码；

④系统缺少双因子身份认证；

⑤安全管理落实不到位，员工安全意识差。

【问题 3】

1. APT 攻击的特点：

①潜伏性，在用户网络环境中长久潜伏存在；

②持续性，持续不断地监控和获取敏感信息；

③威胁性大，有组织有预谋、成功率高、危害系数大，近年来频频发生针对我国政府机关和核心部门发起的有组织的 APT 攻击。

2. APT 攻击的步骤：

①收集信息或扫描探测；

②恶意代码投送；

③利用漏洞；

④植入木马或植入恶意程序；

⑤命令与控制或远程控制；

⑥横向渗透并达成目标；

⑦清除痕迹或者删除恶意程序。

【问题 4】

①制定网络安全管理制度；

②明确网络安全主体责任；

③细化网络安全工作职责，责任到人；

④合理分配人员权限、最小权限和加强审计；

⑤加强网络安全意识和技能培训；

⑥强化网络安全执行监督。

第12章　2020下半年网络规划设计师下午试题II写作要点

从下列的2道试题（试题一至试题二）中任选1道解答。请在答题纸上的指定位置处将所选择试题的题号框涂黑。若多涂或者未涂题号框，则对题号最小的一道试题进行评分。

试题一　论疫情应用系统中的网络规划与设计

疫情期间，网络应用系统发挥了重要的作用，例如“一码通”“防疫期间出入**人员主动登记系统”“企业电子地图云平台”“企业复工复产申请登记平台”等。在这些应用系统中凸显了用户数急剧增加、信息安全等问题，对网络提出了更高要求。

请围绕“论疫情应用系统中的网络规划与设计”，依次从以下三个方面进行论述：

1. 简要论述疫情应用系统的整体架构。

2. 请根据实际需要编写疫情应用系统中网络规划与设计方案，包括网络项目整体规划、拓扑结构、服务器、网络存储、网络安全等的部署与应用。

3. 详细叙述疫情应用系统中，在网络支撑上遇到的特殊需求与挑战（比如网络拥挤、安全等），以及具体解决办法。

写作要点

1. 简要叙述疫情应用系统的整体架构。

2. 疫情应用系统中网络规划与设计方案，包括：

- 支持应用系统的整体网络拓扑；
- 部署的服务器种类、台数、性能及连接方式；
- 网络存储设备及台数，连接方式；
- 网络安全设计及技术。

3. 疫情应用系统运行过程中特殊的问题及解决方案，包括：

- 突发大量数据访问解决方案；
- 特定系统安全解决方案。

试题二　论企业网中VPN的规划与设计

VPN即虚拟专用网络，是一种利用不安全网络发送可靠、安全消息的一种技术，涉及加解密、隧道技术、密钥保护等多种技术，可通过服务器、硬件、软件等多种方式来实现。

请围绕“论企业网中VPN的规划与设计”，依次从以下三个方面进行论述：

1. 简要论述你参与设计和实施的企业网络方案。

2. 详细叙述所采用的VPN技术，VPN连接的两端网络结构与IP地址规划，所用到的VPN配置设备，密钥交换与管理技术，加解密技术，实施过程中VPN的配置步骤等。

3. 叙述你所参与的网络项目中 VPN 实施遇到的问题和相应的解决方案。

写作要点

1. 简要论述你参与设计和实施的企业网络方案，包括：

- 企业网络的简要介绍；
- 异地连接的网络拓扑。

2. 详细叙述 VPN 技术的实现，包括：

- 采用的 VPN 技术，是二层还是三层 VPN；
- 在哪些设备上进行配置；
- 相关设备上 IP 地址配置情况；
- 密钥是如何交换与管理的；
- 用到哪些加解密技术，会话用什么，密钥交换用什么；
- VPN 的配置包含哪些步骤，先做什么、后做什么。

3. 项目实施中遇到的问题和相应的解决方案。

第13章　2021下半年网络规划设计师上午试题分析与解答

试题（1）

为防范国家数据安全风险、维护国家安全、保障公共利益，2021年7月，中国网络安全审查办公室发布公告，对“滴滴出行”“运满满”“货车帮”和“BOSS直聘”开展网络安全审查。此次审查依据的国家相关法律法规是__（1）__。

（1）A．《中华人民共和国网络安全法》和《中华人民共和国国家安全法》
B．《中华人民共和国网络安全法》和《中华人民共和国密码法》
C．《中华人民共和国数据安全法》和《中华人民共和国网络安全法》
D．《中华人民共和国数据安全法》和《中华人民共和国国家安全法》

试题（1）分析

本题考查信息安全基础知识。

网络安全审查是在中央网络安全和信息化委员会领导下，为保障关键信息基础设施供应链安全，维护国家安全而建立的一项重要制度。

2020年4月，国家互联网信息办公室、国家市场监督管理总局等12个部门联合发布了《网络安全审查办法》，并于2020年6月1日起正式实施。根据《网络安全审查办法》，网络安全审查办公室设在国家互联网信息办公室。关键信息基础设施运营者采购网络产品和服务，影响或可能影响国家安全的，应当向网络安全审查办公室申报网络安全审查。

《网络安全审查办法》的立法依据是《中华人民共和国网络安全法》和《中华人民共和国国家安全法》，而触发网络安全审查的核心问题是“网络产品和服务的采购”。

参考答案

（1）A

试题（2）

Android是一个开源的移动终端操作系统，共分成Linux内核层、系统运行库层、应用程序框架层和应用程序层四个部分。显示驱动位于__（2）__。

（2）A．Linux内核层　　B．系统运行库层
C．应用程序框架层　　D．应用程序层

试题（2）分析

本题考查操作系统基础知识。

Android对操作系统的使用包括核心和驱动程序两部分，Android的Linux核心为标准的Linux 2.6内核，Android更多的是需要一些与移动设备相关的驱动程序，主要的驱动如下所示：

（1）显示驱动（Display Driver），常用基于Linux的帧缓冲（Frame Buffer）驱动；
（2）Flash内存驱动（Flash Memory Driver）；
（3）照相机驱动（Camera Driver），常用基于Linux的v4l（Video for Linux）驱动；
（4）音频驱动（Audio Driver），常用基于ALSA（Advanced Linux Sound Architecture，

高级 Linux 声音体系）驱动；

（5）WiFi 驱动（Camera Driver），基于 IEEE 802.11 标准的驱动程序；

（6）键盘驱动（KeyBoard Driver）；

（7）蓝牙驱动（Bluetooth Driver）；

（8）Binder IPC 驱动， Android 一个特殊的驱动程序，具有单独的设备节点，提供进程间通信的功能；

（9）Power Management（能源管理）。

系统运行库层包括各种库（Libraries）和 Android 运行环境（RunTime）。

参考答案

（2）A

试题（3）～（5）

信息系统面临多种类型的网络安全威胁。其中，信息泄露是指信息被泄露或透露给某个非授权的实体；__（3）__是指数据被非授权地进行增删、修改或破坏而受到损失；__（4）__是指对信息或其他资源的合法访问被无条件地阻止；__（5）__是指通过对系统进行长期监听，利用统计分析方法对诸如通信频度、通信的信息流向、通信总量的变化等参数进行研究，从而发现有价值的信息和规律。

（3）A．非法使用　　B．破坏信息的完整性
　　C．授权侵犯　　D．计算机病毒

（4）A．拒绝服务　　B．陷阱门
　　C．旁路控制　　D．业务欺骗

（5）A．特洛伊木马　　B．业务欺骗
　　C．物理侵入　　D．业务流分析

试题（3）～（5）分析

本题考查信息安全基础知识。

网络安全威胁根据威胁根据其性质，可以归结为下面一些类型：

（1）信息泄露：保护的信息被泄露或透露给某个非授权的实体。

（2）破坏信息的完整性：数据在非授权情况下增删、修改或破坏而受到损失。

（3）拒绝服务：信息使用者对信息或其他资源的合法访问被无条件地阻止。

（4）非法使用（非授权访问）：某一资源被某个非授权的人或非授权的方式使用。

（5）窃听：用各种可能的合法或非法的手段窃取系统中的信息资源和敏感信息。例如对通信线路中传输的信号搭线监听，或者利用通信设备在工作过程中产生的电磁泄漏截取有用信息等。

（6）业务流分析：通过对系统进行长期监听，利用统计分析方法对诸如通信频度、通信的信息流向、通信总量的变化等参数进行研究，从中发现有价值的信息和规律。

（7）假冒：通过欺骗通信系统或用户，达到将非法用户冒充成为合法用户或者特权小的用户冒充成为特权大的用户的目的。黑客大多采用假冒攻击。

（8）旁路控制：攻击者利用系统的安全缺陷或安全性上的脆弱之处获得非授权的权利或

特权。例如，攻击者通过各种攻击手段发现原本应保密但是又暴露出来的一些系统“特性”，利用这些“特性”，攻击者可以绕过防线守卫者侵入系统的内部。

（9）授权侵犯：被授权以某一目的使用某一系统或资源的某个人，却将此权限用于其他非授权的目的，也称作“内部攻击”。

（10）抵赖：这是一种来自用户的攻击，涵盖范围比较广泛，比如，否认自己曾经发布过的某条消息、伪造一份对方来信等。

（11）计算机病毒：在计算机系统运行过程中能够实现传染和侵害功能的一种程序，行为类似病毒，故称为计算机病毒。

（12）信息安全法律法规不完善：由于当前约束操作信息行为的法律法规还不完善，尚存在一些漏洞，有人打法律的“擦边球”，这就给信息窃取和信息破坏者以可趁之机。

参考答案

（3）B （4）A （5）D

试题（6）

以下关于软件开发过程中增量模型优点的叙述中，不正确的是 （6） 。

（6）A．强调开发阶段性早期计划

B．第一个可交付版本所需要的时间少和成本低

C．开发由增量表示的小系统所承担的风险小

D．系统管理成本低、效率高、配置简单

试题（6）分析

本题考查软件过程模型的基础知识。

增量模型把软件产品作为一系列的增量构件来设计、编码、集成和测试，每个构件由多个相互作用的模块组成，并且能够完成特定的功能。增量模型的特点包括：强调开发阶段性早期计划，第一个可交付版本所需要的时间少且成本低，开发由增量表示的小系统所承担的风险小。但是在使用增量模型过程中，管理发生的成本、进度和配置的复杂性，可能会超出组织的能力。

参考答案

（6）D

试题（7）

在 Python 语言中， （7） 是一种可变的、有序的序列结构，其中元素可以重复。

（7）A．元组（tuple） B．字符串（str）

C．列表（list） D．集合（set）

试题（7）分析

本题考查 Python 语言的基础知识。

本题要求考生了解 Python 的序列结构，这也是 Python 语言比较明显的特点。列表（list）、元组（tuple）和字符串（str）都是 Python 程序设计时广泛使用的结构，其中列表是可变的、有序的序列结构，元组和字符串是不可变、有序的序列结构，而集合是元素不重复的、无序的结构。

参考答案

（7）C

试题（8）

在一个分布式软件系统中，一个构件失去了与另一个远程构件的连接。在系统修复后，连接于 30 秒之内恢复，系统可以重新正常工作直到其他故障发生。这一描述体现了软件系统的__（8）__。

（8）A．安全性　　B．可用性　　C．兼容性　　D．性能

试题（8）分析

本题考查软件质量属性的相关知识。

可用性（availability）是指系统能够正常运行的时间比例，经常用两次故障之间的时间长度或在出现故障时系统能够恢复正常的速度来表示。因此，在一个分布式软件系统中，一个构件失去了与另一个远程构件的连接，在系统修复后，连接于 30 秒之内恢复，系统可以重新正常工作。这一描述体现了软件系统的可用性。

参考答案

（8）B

试题（9）、（10）

在三层 C/S 软件架构中，__（9）__是应用的用户接口部分，负责与应用逻辑间的对话功能；__（10）__是应用的本体，负责具体的业务处理逻辑。

（9）A．表示层　　B．感知层　　C．设备层　　D．业务逻辑层

（10）A．数据层　　B．分发层　　C．功能层　　D．算法层

试题（9）、（10）分析

本题考查软件架构风格的相关知识。

C/S（客户端/服务器）软件体系结构是基于资源不对等且为实现共享而提出的，在 20 世纪 90 年代逐渐成熟起来。两层 C/S 体系结构有三个主要组成部分：数据库服务器、客户应用程序和网络。服务器（后台）负责数据管理，客户机（前台）完成与用户的交互任务。称为“胖客户机，瘦服务器”。

与两层 C/S 结构相比，三层 C/S 结构增加了一个应用服务器。整个应用逻辑驻留在应用服务器上，只有表示层存在于客户机上，故称为“瘦客户机”。应用功能分为表示层、功能层和数据层三层。表示层是应用的用户接口部分，通常使用图形用户界面；功能层是应用的主体，实现具体的业务处理逻辑；数据层是数据库管理系统。以上三层逻辑上独立。

参考答案

（9）A　（10）C

试题（11）

以下关于以太网交换机转发表的叙述中，正确的是__（11）__。

（11）A．交换机的初始 MAC 地址表为空

B．交换机接收到数据帧后，如果没有相应的表项，则不转发该帧

C．交换机通过读取输入帧中的目的地址添加相应的 MAC 地址表项

D．交换机的 MAC 地址表项是静态增长的，重启时地址表清空

试题（11）分析

本题考查交换机交换的基本原理。

交换机的初始MAC地址表为空，然后依据接收到的数据帧中的原地址添加相应的MAC地址表项，构建转发表。在数据帧转发时，如果转发表中没有相应的目的地址表项，则转发该帧到所有接口。交换机的 MAC 地址表项在重启时不清空。

参考答案

（11）A

试题（12）

1000BASE-TX 采用的编码技术为＿（12）＿。

（12）A．PAM5　　B．8B6T　　C．8B10B　　D．MLT-3

试题（12）分析

本题考查千兆交换机交换标准。

1000BASE-TX 采用的编码技术为 PAM5。8B6T 是 100BASE-T4 采用的编码技术，8B10B 是高速串行通信，如 PCle SATA（串行 ATA），以及 Fiber Channel 中常用的编解码方式，MLT-3 是 100BASE-TX 采用的编码技术。

参考答案

（12）A

试题（13）

HDLC 协议通信过程如下图所示，其中属于 U 帧的是＿（13）＿。

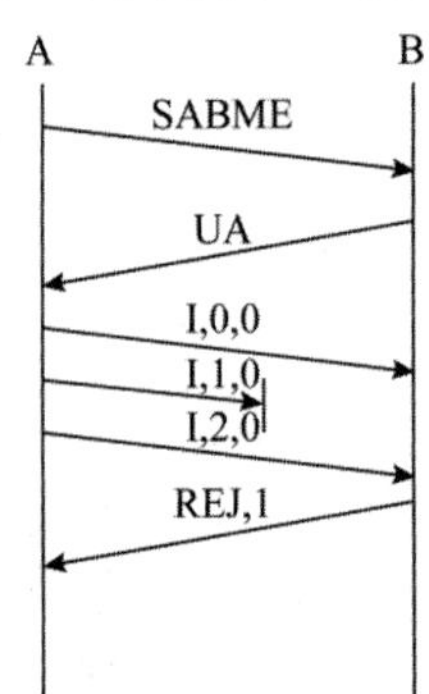

（13）A．仅 SABME　　B．SABME 和 UA

C．SABME、UA 和 REJ,1　　D．SABME、UA 和 I,0,0

试题（13）分析

本题考查 HDLC 协议基本原理。

HDLC 协议中有 3 种类型的帧，其中 U 帧用于设置链路连接等，I 帧用于捎带应答的数据帧传送，S 帧用于实现不同差错控制技术。上图中 SABME 和 UA 是 U 帧，I,0,0 是 I 帧，REJ,1 是 S 帧。

参考答案

（13）B

试题（14）

HDLC 协议中采用比特填充技术是为了解决__（14）__问题。

（14）A．避免帧内部出现 01111110 序列时被当作标志字段处理
B．填充数据字段，使帧的长度不小于最小帧长
C．填充数据字段，匹配高层业务速率
D．满足同步时分多路复用需求

试题（14）分析

本题考查 HDLC 协议基本原理。

HDLC 协议中避免帧内数据字段出现 01111110 序列时被当作标志字段处理，采用比特填充技术，即当非标志字段出现连续 5 个 1 时人为添加 1 个 0，在接收端去掉即可。

参考答案

（14）A

试题（15）、（16）

IPv4 首部的最大值为__（15）__字节，原因是 IHL 字段长度为__（16）__比特。

（15）A．5　　B．20　　C．40　　D．60
（16）A．2　　B．4　　C．6　　D．8

试题（15）、（16）分析

本题考查 IPv4 协议基本原理。

IPv4 首部的最大值为 60 字节，其首部 IHL 字段长度为 4 比特，单位为 4 字节，即该字段能表示的最大值为 0～15 个 4 字节大小。

参考答案

（15）D　（16）B

试题（17）

由于采用了__（17）__技术，ADSL 的上行与下行信道频率可部分重叠。

（17）A．离散多音调　　B．带通过率
C．回声抵消　　D．定向采集

试题（17）分析

本题考查 ADSL 基本原理。

ADSL 采用回声抵消技术使得上行与下行信道频率可部分重叠。

参考答案

（17）C

试题（18）

以太网交换机中采用生成树算法是为了解决__（18）__问题。

（18）A．帧的转发　　B．短路　　C．环路　　D．生成转发表

试题（18）分析

本题考查交换机基本原理。

以太网交换机中采用生成树算法是为了解决环路问题。

参考答案

（18）C

试题（19）

6 个速率为 64kb/s 的用户按照统计时分多路复用技术（STDM）复用到一条干线上，若每个用户平均效率为 80%，干线开销 4%，则干线速率为__（19）__kb/s。

（19）A．160　　B．307.2　　C．320　　D．400

试题（19）分析

本题考查统计时分多路复用技术基本原理。

干线速率的计算过程为：6×64×80%/96%=320。

参考答案

（19）C

试题（20）

Internet 网络核心采取的交换方式为__（20）__。

（20）A．报文分组交换　　B．电路交换
　　C．虚电路交换　　D．消息交换

试题（20）分析

本题考查 Internet 网络核心、骨干网络及其相关知识点。

网络核心主要解决的问题是如何将数据从源主机通过网络核心送达目标主机。

电路交换是指呼叫双方在开始通话之前，首先由交换设备在两者之间建立一条专用电路，并且在整个通话期间独占该条电路直到结束。其通信过程一般分为：电路建立阶段、通信阶段和电路拆除阶段三部分。常见的该类设备有电话交换机和程控数字交换系统。

报文交换又叫作消息交换，以报文作为传送单元。报文交换方式的发送方不需要提前建立起电路，不管接收方是否空闲，可随时向其所在的交换机发送消息。交换机收到的报文消息先存储于缓冲器的队列中，然后根据报文头中的地址信息计算出路由，确定输出线路。分组交换是将用户的消息划分为一定长度的数据分组，然后在分组数据上加上控制信息和地址，然后经过分组交换机发送到目的地址。

虚电路交换是分组交换的一种，与报文分组交换的区别在于其通信方式类似于电路交换，需要提前建立连接，即虚电路。

Internet 的网络核心采用的是报文分组交换方式，实现协议为 Internet 协议。

参考答案

（20）A

试题（21）

以下关于虚电路交换技术的叙述中，错误的是__（21）__。

（21）A．虚电路交换可以实现可靠传输　　B．虚电路交换可以提供顺序交付

C．虚电路交换与电路交换不同　　D．虚电路交换不需要建立连接

试题（21）分析

本题考查关于虚电路交换的基本知识。

虚电路在数据传输过程需要经历建立连接、数据传输和连接拆除 3 个阶段，有点类似于虚拟的专路；数据报通信的每个分组都需要独立选路。虚电路面向连接，数据报面向无连接。虚电路分组头简单，传输效率高，分组不会失序；数据报分组头复杂，传输效率低，可避开拥塞，可能会出现失序。

参考答案

（21）D

试题（22）

SDH 的帧结构包含 （22） 。

（22）A．再生段开销、复用段开销、管理单元指针、信息净负荷

B．通道开销、信息净负荷、段开销

C．容器、虚容器、复用、映射

D．再生段开销、复用段开销、通道开销、管理单元指针

试题（22）分析

本题考查关于 SDH 帧结构及其相关知识点。

SDH 帧大体可分为三个部分：（1）信息净负荷（payload）是在 STM-N 帧结构中存放将由 STM-N 传送的各种用户信息码块的地方；（2）段开销（SOH）是为了保证信息净负荷正常传送所必须附加的网络运行、管理和维护（OAM）字节；段开销又分为再生段开销（RSOH）和复用段开销（MSOH），可分别对相应的段层进行监控。（3）管理单元指针（AU-PTR）。

参考答案

（22）A

试题（23）

假设客户端采用持久型 HTTP 1.1 版本向服务器请求一个包含 10 个图片的网页。设基页面传输时间为 Tbas，图片传输的平均时间为 Timg，客户端到服务器之间的往返时间为 RTT，则从客户端请求开始到完整取回该网页所需时间为 （23） 。

（23）A．1×RTT+1×Tbas+10×Timg　　B．1×RTT+10×Tbas+10×Timg

C．5×RTT+1×Tbas+10×Timg　　D．11×RTT+1×Tbas+10×Timg

试题（23）分析

本题考查 HTTP 持久性连接的基本概念及网络时延综合分析能力。

对于题干描述的应用场景，采用 HTTP 1.1 持久性连接，则需要 1 个 RTT 的 TCP 初始化、1 个 RTT 发送 HTTP 请求消息及收到响应消息。此外，由于 TCP 慢启动限制窗口在每次窗口增加一倍，因此，3 个窗口就可以请求完所有图片，合计 5 个 RTT。基页面和图片传输时间如题。

参考答案

（23）C

试题（24）

在 CSMA/CD 中，同一个冲突域中的主机连续经过 3 次冲突后，每个站点在接下来信道空闲的时候立即传输的概率是＿（24）＿。

（24）A．1　　B．0.5　　C．0.25　　D．0.125

试题（24）分析

本题考查 CSMA/CD 的基础知识。

根据 CSMA/CD 算法中的二进制指数退避算法，经过 k 次冲突后，每个站点等概率的在$\{0,\cdots,2^k-1\}$中随机选择一个数 m，站点等待 $m\times521$ 比特时间再进入 CSMA 环节。因此，经过 3 次冲突后，选择空间为$\{0,\cdots,7\}$，则选中 0 即在接下来信道空闲的时候立即传输的概率是 1/8=0.125。

参考答案

（24）D

试题（25）～（26）

在下图所示的网络拓扑中，假设自治系统 AS3 和 AS2 内部运行 OSPF 路由，AS1 和 AS4 内部运行 RIP 路由。各自治系统间用 BGP 作为路由协议，并假设 AS2 和 AS4 之间没有物理链路。则路由器 3c 基于＿（25）＿协议学习到网络 x 的可达性信息。1d 通过＿（26）＿学习到 x 的可达性信息。

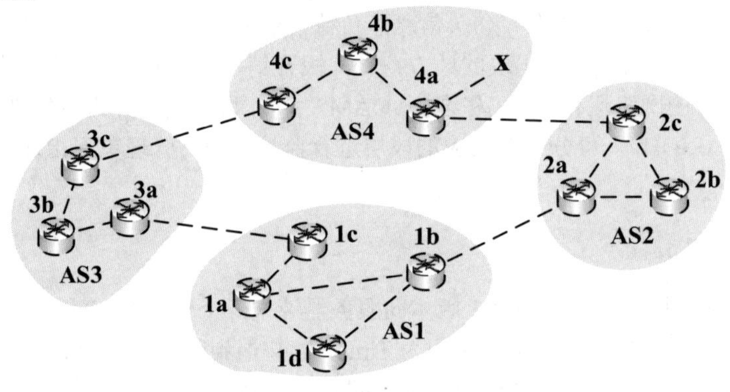

（25）A．OSPF　　B．RIP　　C．eBGP　　D．iBGP

（26）A．3a　　B．1a　　C．1b　　D．1c

试题（25）～（26）分析

本题考查路由协议综合知识点及 BGP 协议的基础知识。

边界网关协议（Border Gateway Protocol，BGP）是一种实现自治系统（Autonomous System，AS）之间的路由可达，并选择最佳路由的距离矢量路由协议。根据 BGP 工作原理，自治系统间的网络可达性信息由边界路由器之间的 eBGP 会话负责传递，故 3c 路由器通过 eBGP 会话学习到 4c 传到的关于网络 x 的可达性信息。由于 AS2 和 AS4 之间没有物理链路，则 1c 只能通过 3a 获得 x 的可达性信息，相应地，1d 则通过 1c 获得。

参考答案

（25）C　（26）D

试题（27）～（28）

Traceroute 在进行路由追踪时发出的 ICMP 消息＿（27）＿，收到的消息是中间节点或目的节点返回的＿（28）＿。

（27）A．Echo Request　　B．Timestamp Request
　　　C．Echo Reply　　D．Timestamp Reply

（28）A．Destination Unreachable　　B．TTL Exceeded
　　　C．Parameter Problem　　D．Source Route Failed

试题（27）～（28）分析

本题考查 Traceroute 命令知识点相关知识。

根据 Traceroute 命令的工作原理，进行路由追踪时发出的 ICMP 消息为特殊构造的 Echo Request 消息，即将 TTL 设置为相应的跳数。当 TTL 递减为 0 时，对应跳数的路由器抛弃该消息，并返回 TTL Exceeded 消息。

参考答案

（27）A　（28）B

试题（29）

下列不属于快速 UDP 互联网协议 QUIC 的优势是＿（29）＿。

（29）A．高速且无连接　　B．避免队头阻塞的多路复用
　　　C．连接迁移　　D．前向冗余纠错

试题（29）分析

本题考查快速 UDP 互联网协议 QUIC 相关知识。

QUIC（Quick UDP Internet Connection）是谷歌制定的一种基于 UDP 的低时延的互联网传输层协议。在 2016 年 11 月国际互联网工程任务组（IETF）召开了第一次 QUIC 工作组会议，受到了业界的广泛关注。这也意味着 QUIC 开始了它的标准化过程，成为新一代传输层协议。

QUIC 很好地解决了当今传输层和应用层面临的各种需求，包括处理更多的连接、安全性和低延迟。QUIC 融合了包括 TCP、TLS、HTTP/2 等协议的特性，但基于 UDP 传输。QUIC 的一个主要目标就是减少连接延迟，当客户端第一次连接服务器时，QUIC 只需要 1 次 RTT（Round-Trip Time）的延迟就可以建立可靠安全的连接，相对于 TCP+TLS 的 1～3 次 RTT 要更加快捷。之后客户端可以在本地缓存加密的认证信息，在再次与服务器建立连接时可以实现 0-RTT 的连接建立延迟。QUIC 同时复用了 HTTP/2 协议的多路复用功能（Multiplexing），但由于 QUIC 基于 UDP 所以避免了 HTTP/2 的线头阻塞（Head-of-Line Blocking）问题。因为 QUIC 基于 UDP，运行在用户域而不是系统内核，使得 QUIC 协议可以快速更新和部署，从而很好地解决了 TCP 协议部署及更新的困难。

参考答案

（29）A

试题（30）

对于链路状态路由算法而言，若共有 N 个路由器，路由器之间共有 M 条链路，则链路状态通告的消息复杂度以及接下来算法执行的时间复杂度分别是__（30）__。

（30）A．$O(M^2)$和 $O(N^2)$　　B．$O(NM)$和 $O(N^2)$

C．$O(N^2)$和 $O(M^2)$　　D．$O(NM)$和 $O(M^2)$

试题（30）分析

本题考查常用路由算法基础知识。

链路状态路由选择算法是一种全局式路由选择算法，其基于 Dijkstra 算法运行，根据非优化的 Dijkstra 算法，N 个节点和 M 条链路，其链路状态通告的消息复杂度为 $O(NM)$；算法执行的时间复杂度为 $O(N^2)$。

参考答案

（30）B

试题（31）

距离向量路由协议所采用的核心算法是__（31）__。

（31）A．Dijkstra 算法　　B．Prim 算法

C．Floyd 算法　　D．Bellman-Ford 算法

试题（31）分析

本题考查常用路由算法基础知识。

距离向量路由协议所采用的核心算法是 Bellman-Ford 算法。

参考答案

（31）D

试题（32）

IPv4 报文分片和重组分别发生在__（32）__。

（32）A．源端和目的端

B．需要分片的中间路由器和目的端

C．源端和需要分片的中间路由器

D．需要分片的中间路由器和下一条路由器

试题（32）分析

本题考查 IPv4 协议分片和重组的相关知识。

为了适合网络传输而把一个数据报分成多个数据报的过程称为分片，被分片后的各个 IP 数据报可能经过不同的路径到达目标主机。一个 IP 数据报在传输过程中可能被分片，也可能不被分片。如果被分片，分片后的 IP 数据报和原来没有分片的 IP 数据报结构是相同的，即也是由 IP 头部和 IP 数据区两个部分组成。当分了片的 IP 数据报到达最终目标主机时，目标主机对各分片进行组装，恢复成源主机发送时的 IP 数据报，这个过程叫作 IP 数据报的重组。

参考答案

（32）B

试题（33）

下图为某网络拓扑的片段。将 1、2 两条链路聚合成链路 G1，并与链路 3 形成 VRRP 主备关系。管理员发现在链路 2 出现 CRC 错误告警。此时该网络区域可能会发生的现象是__（33）__。

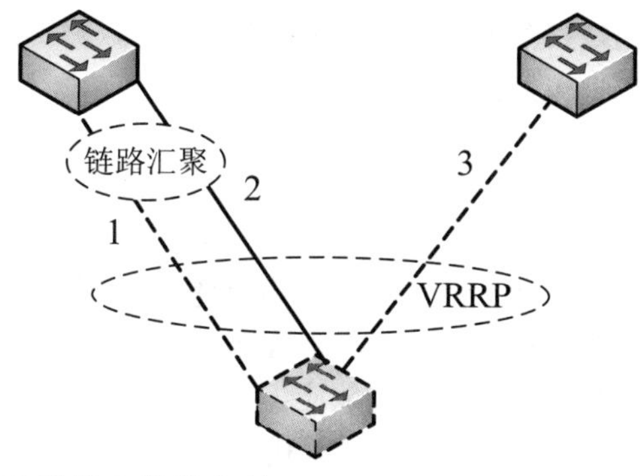

（33）A．从网管系统看链路 2 的状态是 Down
　　B．部分用户上网将会出现延迟卡顿
　　C．VRRP 主备链路将发生切换
　　D．G1 链路上的流量将会达到负载上限

试题（33）分析

本题考查网络实践中故障诊断的综合能力。

首先，由于聚合口状态正常，导致 VRRP 不会切换；其次，由于配置了负载均衡，流量会被均分到各个端口。当由于链路质量不好等原因导致的链路 2 出现 CRC 错误告警时，该链路流量就会异常。最终导致经过链路 2 的部分用户上网出现延迟卡顿。

参考答案

（33）B

试题（34）、（35）

若循环冗余校验码 CRC 的生成器为 10111，则对于数据 10100010000 计算的校验码应为__（34）__。该 CRC 校验码能够检测出的突发长度不超过__（35）__。

（34）A．1101　　B．11011　　C．1001　　D．10011

（35）A．3　　B．4　　C．5　　D．6

试题（34）、（35）分析

本题考查循环冗余校验码 CRC 相关知识。

根据 CRC 原理，生成器为 10111（长 r+1），其能检测出突发长度不超过 r（即 4）。校验码的计算过程为数据 10100010000 左移 r 位，然后除以生成器 10111，得到的余式即为结果 1101。

参考答案

（34）A　（35）B

试题（36）

__（36）__子系统是楼宇布线的组成部分。

（36）A．接入　　B．交换　　C．垂直　　D．骨干

试题（36）分析

本题考查综合布线的子系统基本概念。

垂直干线子系统通常是由主设备间（如计算机房、程控交换机房）提供建筑中最重要的铜线或光纤线主干线路,是整个大楼的信息交通枢纽。一般它提供位于不同楼层的设备间和布线框间的多条联接路径，也可连接单层楼的大片地区。

参考答案

（36）C

试题（37）

客户端通过DHCP获得IP地址的顺序正确的是__（37）__。

①客户端发送DHCP REQUEST请求IP地址

②SERVER发送DHCP OFFER报文响应

③客户端发送DHCP DISCOVER报文寻找DHCP SERVER

④SERVER收到请求后回应ACK响应请求

（37）A．①②③④　　B．①④③②　　C．③②①④　　D．③④①②

试题（37）分析

本题主要考查DHCP的工作机制。

客户端通过DHCP获得IP地址的过程如下：

- DHCP Client以广播的方式发出DHCP Discover报文。
- DHCP Server会给出响应，向DHCP Client发送一个DHCP Offer报文。
- DHCP Client会发出一个广播的DHCP Request报文，在选项字段中会加入选中的DHCP Server的IP地址和需要的IP地址。
- DHCP Server收到DHCP Request报文后，向DHCP Client响应一个DHCP ACK报文。

参考答案

（37）C

试题（38）

某高校计划采用扁平化的网络结构。为了限制广播域、解决VLAN资源紧缺的问题，学校计划采用QinQ（802.1Q-in-802.1Q）技术对接入层网络进行端口隔离。以下关于QinQ技术的叙述中，错误的是__（38）__。

（38）A．一旦在端口启用了QinQ，单层VLAN的数据报文将没有办法通过

B．QinQ技术标准出自IEEE 802.1ad

C．QinQ技术扩展了VLAN数目，使VLAN的数目最多可达4094×4094个

D．QinQ技术分为基本QinQ和灵活QinQ两种

试题（38）分析

本题考查QinQ相关基础概念以及在实际部署中的实现方法。

在交换机的上联端口，可以做单层VLAN的透传配置。

参考答案

（38）A

试题（39）

下面支持 IPv6 的是＿（39）＿。

（39）A．OSPFv1　　B．OSPFv2　　C．OSPFv3　　D．OSPFv4

试题（39）分析

本题考查 OSPF 协议的相关知识。

OSPF OSPFv2 支持 IPv4，为了支持 IPv6 开发出来 OSPFv3。来对 IPv6 的支持。

参考答案

（39）C

试题（40）

以下关于 OSPF 特性的叙述中，错误的是＿（40）＿。

（40）A．OSPF 采用链路状态算法

B．每个路由器通过泛洪 LSA 向外发布本地链路状态信息

C．每台 OSPF 设备收集 LSA 形成链路状态数据库

D．OSPF 区域 0 中所有路由器上的 LSDB 都相同

试题（40）分析

本题考查 OSPF 的相关基本知识。

ABR 也是属于区域 0，但是 ABR 同时也连接着其他非骨干区域，所以 ABR 与区域 0 的其他路由器的数据库是不同的。所以 D 选项的描述是错误的。

参考答案

（40）D

试题（41）

策略路由通常不支持根据＿（41）＿来指定数据包转发策略。

（41）A．源主机 IP　　B．时间　　C．源主机 MAC　　D．报文长度

试题（41）分析

本题考查策略路由的制定方法。

在路由转发环节中是得不到源主机 MAC 的，所以策略路由不支持根据源主机 MAC 来指定数据包转发策略。

参考答案

（41）C

试题（42）

SDN 的网络架构中不包含＿（42）＿。

（42）A．逻辑层　　B．控制层　　C．转发层　　D．应用层

试题（42）分析

本题考查 SDN 网络的基本架构。

SDN 架构包括应用层、控制层和转发层（基础设施层）。

参考答案

（42）A

试题（43）、（44）

窃取是一种针对数据或系统的__（43）__的攻击。DDoS 攻击可以破坏数据或系统的__（44）__。

（43）A．可用性　　B．保密性　　C．完整性　　D．真实性

（44）A．可用性　　B．保密性　　C．完整性　　D．真实性

试题（43）、（44）分析

本题考查网络攻击的基础知识。

网络攻击分为主动攻击和被动攻击两种，窃取和 DDoS 攻击属于主动攻击的一类。窃取是通过一定的手段对网络中的数据进行拦截和捕获，以达到获取对方数据的目的，破坏了数据的保密性。DDoS 攻击是在 DoS 攻击的基础上发展的一种分布式 DoS 攻击，通过劫持一部分主机，向攻击目标持续发送正常的网络请求，以期完全占用攻击目标的系统资源，导致攻击目标宕机，破坏目标系统的可用性。

参考答案

（43）B　（44）A

试题（45）

以下关于 IPSec 的说法中，错误的是__（45）__。

（45）A．IPSec 用于增强 IP 网络的安全性，有传输模式和隧道模式两种模式

B．认证头 AH 提供数据完整性认证、数据源认证和数据机密性服务

C．在传输模式中，认证头仅对 IP 报文的数据部分进行了重新封装

D．在隧道模式中，认证头对含原 IP 头在内的所有字段都进行了封装

试题（45）分析

本题考查 IPSec 的基础知识。

IPSec 是 IETF（Internet Engineering Task Force，即国际互联网工程技术小组）提出的使用密码学来保护 IP 层通信的安全保密架构，是一个协议簇，通过对 IP 协议的分组进行加密和认证来保护 IP 协议的网络传输协议簇（一些相互关联的协议的集合）。

IPSec 可以实现以下 4 项功能：

①数据机密性：IPSec 发送方将包加密后再通过网络发送。

②数据完整性：IPSec 可以验证 IPSec 发送方发送的包，以确保数据传输时没有被改变。

③数据认证：IPSec 接收方能够鉴别 IPsec 包的发送起源，此服务依赖数据的完整性。

④反重放：IPSec 接收方能检查并拒绝重放包。

IPSec 主要由以下协议组成：

（1）认证头（AH），为 IP 数据报提供无连接数据完整性、消息认证以及防重放攻击保护；

（2）封装安全载荷（ESP），提供机密性、数据源认证、无连接完整性、防重放和有限的传输流（traffic-flow）机密性；

（3）安全关联（SA），提供算法和数据包，提供 AH、ESP 操作所需的参数；

（4）密钥协议（IKE），提供对称密码的钥匙的生存和交换。

参考答案

（45）B

试题（46）

__（46）__是由我国自主研发的无线网络安全协议。

（46）A．WAPI　　B．WEP　　C．WPA　　D．TKIP

试题（46）分析

本题考查无线网络安全协议的基础知识。

WAPI（Wireless LAN Authentication and Privacy Infrastructure），是无线局域网鉴别和保密基础结构，是中国无线局域网安全强制性标准，由西安电子科技大学综合业务网理论及关键技术国家重点实验室提出。该机制与 Wi-Fi 的单向加密认证不同，WAPI 双向均提供认证，从而保证传输的安全性。WAPI 采用公钥密码技术，鉴权服务器 AS 负责证书的颁发、验证与吊销，无线客户端与无线接入点 AP 上都安装有 AS 颁发的公钥证书，作为自己的数字身份凭证。当无线客户端登录至无线接入点 AP 时，在访问网络之前必须通过鉴别服务器 AS 对双方进行身份验证。根据验证的结果，持有合法证书的移动终端才能接入持有合法证书的无线接入点 AP。

WEP（Wired Equivalent Privacy，有线等效保密协议）是对在两台设备间无线传输的数据进行加密的方式，用来防止非法用户窃听或者侵入无线网络，是 802.11 的共享密钥机制中所规定的加密方式。

WPA（Wi-Fi Protected Access）有 WPA、WPA2 和 WPA3 三个标准，是一种保护无线网络（Wi-Fi）安全的系统，它是应研究者在前一代的系统有线等效加密（WEP）中找到的几个严重的弱点而产生的。WPA 实现了 IEEE 802.11i 标准的大部分，是在 802.11i 完备之前替代 WEP 的过渡方案。

TKIP 协议(Temporal Key Integrity protocol)是 IEEE802.11i 规范中负责处理无线安全问题的加密协议。TKIP 在增强 WLAN 的保密强度的同时并不明显增加计算量，因此 TKIP 可以通过对原有设备进行固件升级或软件升级予以实现。TKIP 算法用于 WPA-PSK 和基于 802.1x 方式的客户到 AP 之间的数据加密。

参考答案

（46）A

试题（47）、（48）

某 Web 网站向 CA 申请了数字证书。用户登录过程中可通过验证__（47）__确认该数字证书的有效性，以__（48）__。

（47）A．CA 的签名　　B．网站的签名　　C．会话密钥　　D．DES 密码

（48）A．向网站确认自己的身份　　B．获取访问网站的权限

　　　C．和网站进行双向认证　　D．验证网站的真伪

试题（47）、（48）分析

本题考查数字证书在网站认证方面的知识。

CA 向网站颁发的数字证书中包含有 CA 的签名，用户登录的过程中，可以使用 CA 的

公钥来对 CA 签名进行验证，如验证通过，则能够确定该网站为真，否则，该网站为假。

参考答案

（47）A　（48）D

试题（49）

某公司要求数据备份周期为 7 天，考虑到数据恢复的时间效率，需采用＿（49）＿备份策略。

（49）A．定期完全备份
B．定期完全备份+每日增量备份
C．定期完全备份+每日差异备份
D．定期完全备份+每日交替增量备份和差异备份

试题（49）分析

本题考查数据备份和恢复的知识。

数据备份对于任何一个公司或者机构来说都是非常重要的，备份应综合考虑备份文件的体量和恢复时的便利性，根据实际情况，可以采用不同的备份策略。定期的完全备份能够非常全面的将数据完全备份，但缺点在于这种备份策略对存储空间的要求较高；完全备份+每日增量备份的备份策略能够一定程度上节省存储空间，但是在第 *n* 天进行恢复时，需要前面 *n* 天的增量备份和最近一次的完全备份才能对数据进行完全恢复，从恢复的时间效率上来看，较为低下；定期完全备份+每日差异备份对存储空间的要求较之完全备份小，且在恢复数据时只需要最近一次的差异备份和最近一次的完全备份来恢复，恢复的效率较高；定期完全备份+每日交替增量备份和差异备份的备份策略与定期完全备份+每日差异备份相比较，增加了对存储空间的要求，且在恢复时需要最近的一次完全备份、增量备份和最近的一次差异备份，恢复的效率较低。

参考答案

（49）C

试题（50）

某网站的域名是 www.xyz.com，使用 SSL 安全页面，用户可以使用＿（50）＿访问该网站。

（50）A．http://www.xyz.com　　B．https://www.xyz.com
C．files://www.xyz.com　　D．ftp://www.xyz.com

试题（50）分析

本题考查 SSL 的基础知识。

HTTPS（Hyper Text Transfer Protocol over Secure Socket Layer），是以安全为目标的 HTTP 通道，在 HTTP 的基础上通过传输加密和身份认证保证了传输过程的安全性。HTTPS 在 HTTP 的基础下加入 SSL。HTTPS 存在不同于 HTTP 的默认端口及一个加密/身份验证层。这个系统提供了身份验证与加密通信方法。它被广泛用于万维网上诸如网上交易、网上支付等安全敏感的通信。

参考答案

（50）B

试题（51）

以下关于链路加密的说法中，错误的是＿（51）＿。

（51）A．链路加密网络中每条链路独立实现加密

B．链路中的每个节点会对数据单元的数据和控制信息均加密保护

C．链路中的每个节点均需对数据单元进行加解密

D．链路加密适用于广播网络和点到点网络

试题（51）分析

本题考查链路加密的基础知识。

链路加密装置能为链路上的所有报文提供安全的传输服务，经过链路中的每一个节点机的所有网络信息传输均需加、解密过程，每一个经过的节点都必须有密码装置，以便解密或加密报文。在整条链路中，如果存在一个或一部分链路上不进行加、解密过程，则整条链路将处于开放状态，是不安全的。在节点上进行的加解密过程，提高了数据的安全性，但同时也极大地增加了数据传输的延迟，因此，链路加密不适用于对实时性要求较高的场合，如广播链路等。

参考答案

（51）D

试题（52）、（53）

在运行 OSPF 的路由器中，可以使用＿（52）＿命令查看 OSPF 进程下路由计算的统计信息，使用＿（53）＿命令查看 OSPF 邻居状态信息。

（52）A．display ospf cumulative　　B．display ospf spf-statistics

C．display ospf global-statics　　D．display ospf request-queue

（53）A．display ospf peer　　B．display ip ospf peer

C．display ospf neighbor　　D．display ip ospf neighbor

试题（52）、（53）分析

本题考查路由器 OSPF 配置命令。

在华为设备中，查看 OSPF 路由计算统计信息可使用 display ospf spf-statistics 命令，使用 display ospf peer 命令查看 OSPF 邻居的信息。

参考答案

（52）B　（53）A

试题（54）

以下关于 IPv6 地址的说法中，错误的是＿（54）＿。

（54）A．IPv6 采用冒号十六进制，长度为 128 比特

B．IPv6 在进行地址压缩时双冒号可以使用多次

C．IPv6 地址中多个相邻的全零分段可以用双冒号表示

D．IPv6 地址各分段开头的 0 可以省略

试题（54）分析

本题考查 IPv6 地址及地址压缩的基础知识。

IPv6 的二进制长度为 128 位，为了便于书写，也可采用冒号 16 进制的表示方式。在 IPv6 的地址压缩规则中，规定各段的前导 0 是可以省略的，同时地址中连续的一段 0 可以压缩为双冒号，但是地址中双冒号只能使用一次。

参考答案

（54）B

试题（55）

在 IPv6 中，__（55）__首部是每个中间路由器都需要处理的。

（55）A．逐跳选项　　B．分片选项　　C．鉴别选项　　D．路由选项

试题（55）分析

本题考查 IPv6 扩展首部的基础知识。

IPv6 有 6 种扩展首部，为了提高路由器的处理效率，数据包途中经过的路由器都不处理这些扩展首部，但是只有逐跳选项扩展首部例外。逐跳选项报头有巨型载荷、路由器提醒、资源预留的作用，特点就是每个路由器都应该处理该字段的信息。

参考答案

（55）A

试题（56）

在 GPON 中，上行链路采用__（56）__的方式传输数据。

（56）A．TDMA　　B．FDMA　　C．CDMA　　D．SDMA

试题（56）分析

本题考查 GPON 传输链路的基础知识。

GPON 系统的上行数据流采用 TDMA（时分复用）的方式传输数据，上行链路被分成不同的时隙，根据下行帧的 upstream bandwidth map 字段来给每个 ONU 分配上行时隙，这样所有的 ONU 就可以按照一定的秩序发送自己的数据了，不会产生为了争夺时隙而冲突。

参考答案

（56）A

试题（57）

在 PON 系统中上行传输波长为__（57）__nm。

（57）A．850　　B．1310　　C．1490　　D．1550

试题（57）分析

本题考查 PON 传输链路的基础知识。

PON 在单根光纤上采用下行 1490nm/上行 1310nm 波长组合的波分复用技术（WDM），上行采用点到点的方式，下行采用广播的方式。

参考答案

（57）B

试题（58）

某居民小区采用 FTTB+HGW 网络组网，通常情况下，网络中的__（58）__部署在汇聚机房。

（58）A．HGW　　B．Splitter　　C．OLT　　D．ONU

试题（58）分析

本题考查 PON 系统组成的基础知识。

HGW（家庭网关）面向家庭和小型办公网络用户设计的网关设备；

Splitter（光分路器）位于 OLT 和 ONU 之间，为网络侧 OLT 和用户侧 ONU 提供光媒质传输通道；

OLT（光线路终端）为接入网提供网络侧与核心网之间的接口，一般放置在中心局，通过 ODN 与各 ONU 连接；

ONU（光网络单元）位于用户侧，为接入网提供用户侧的接口，提供话音、数据、视频等多业务流与 ODN 的接入，受 OLT 的集中控制；

从上述解释可以看出，只有 OLT 会部署在中心的汇聚机房。

参考答案

（58）C

试题（59）

以下关于光功率计的功能的说法中，错误的是＿（59）＿。

（59）A．可以测量激光光源的输出功率　　B．可以测量 LED 光源的输出功率
　　　C．可以确认光纤链路的损耗估计　　D．可以通过光纤一端测得光纤损耗

试题（59）分析

本题考查光功率计功能的基础知识。

光功率计是一种用于测量绝对光功率或通过一段光纤的光功率相对损耗的仪器。光功率计的功能包括测量激光光源的输出功率、LED 光源的输出功率、确认光纤链路的损耗估计等，但是不能只通过光纤一端测得光纤损耗，这点与 OTDR（光时域反射仪）是不同的。

参考答案

（59）D

试题（60）、（61）

8 块 300G 的硬盘做 RAID5 后的容量是＿（60）＿，RAID5 最多可以损坏＿（61）＿块硬盘而不丢失数据。

（60）A．1.8TB　　B．2.1TB　　C．2.4TB　　D．1.2TB

（61）A．0　　B．1　　C．2　　D．3

试题（60）、（61）分析

本题考查磁盘阵列的基础知识。

RAID 存储磁阵列方案当中，RAID5 是最为常见的解决方案之一，RAID 5 不单独指定奇偶盘，而是在所有磁盘上交叉存取数据及奇偶校验信息。总容量是（$N-1$）×单块硬盘容量（N 是硬盘的个数）。比如 3 块 1TB 的硬盘，组成 RAID5 后就成了 2TB，还有 1TB 是做校验的。

参考答案

（60）B　（61）B

试题（62）

在无线网络中，通过射频资源管理可以配置的任务不包括＿（62）＿。

（62）A．射频优调　　B．频谱导航　　C．智能漫游　　D．终端定位

试题（62）分析

本题考查射频技术的相关知识。

WLAN 技术是以射频信号（例如频率为 2.4GHz 或 5GHz 的无线电磁波）作为传输介质的，无线电磁波在空气中的传播会因为周围环境影响而导致无线信号衰减等现象，进而影响无线用户上网的服务质量。射频资源管理能够自动检查周边无线环境、动态调整信道和发射功率等射频资源、智能均衡用户接入，从而调整无线信号覆盖范围，降低射频信号干扰，使无线网络能够快速适应无线环境变化。

射频资源管理可以配置的任务包括配置干扰检测、配置射频优化调整、配置频谱导航、配置负载均衡以及配置智能漫游等内容。

参考答案

（62）D

试题（63）

在无线网络中，天线最基本的属性不包括__（63）__。

（63）A．增益　　B．频段　　C．极化　　D．方向性

试题（63）分析

本题考查天线的相关知识。天线是一种用来发射或接收无线电磁波的设备，天线有 3 个最基本的属性：方向性、极化和增益。方向性是指信号发射方向图的形状，极化是电磁波场强矢量空间指向的一个辐射特性，增益是衡量信号能量增强的度量。

参考答案

（63）B

试题（64）、（65）

下列路由表的概要信息中，迭代路由是__（64）__，不同的静态路由有__（65）__条。

```
<HUAWEI> display ip routing-table
Route Flags: R - relay, D - download to fib
Routing Tables: Public
         Destinations : 6          Routes : 7
   Destination/Mask   Proto   Pre  Cost Flags  NextHop     Interface
        10.1.1.1/32   Static  60    0     D     0.0.0.0     NULL0
  Static   60   0       D      10.10.0.2   Vlanif100
        10.2.2.2/32   Static  60    0    RD    10.1.1.1     NULL0
                      Static  60    0    RD    10.1.1.1     Vlanif100
       10.10.0.0/24   Direct   0    0     D    10.10.0.1    Vlanif100
       10.10.0.1/32   Direct   0    0     D    127.0.0.1    Vlanif100
       127.0.0.0/8    Direct   0    0     D    127.0.0.1    InLoopBack0
       127.0.0.1/32   Direct   0    0     D    127.0.0.1    InLoopBack0
```

（64）A．10.10.0.0/24　　B．10.2.2.2/32　　C．127.0.0.0/8　　D．10.1.1.1/32

（65）A．1　　B．2　　C．3　　D．4

试题（64）、（65）分析

本题考查路由表信息的相关知识。在路由表的概要信息中，路由 10.2.2.2/32 为一条静态路由（下一跳 10.1.1.1 相同），该路由为迭代路由（路由标记 R），由于 10.1.1.1 有两个出接口，故 10.2.2.2/32 也迭代出了这两个出接口，但是目的网络仍然为一个。

参考答案

（64）B　（65）C

试题（66）

下列命令片段用于配置＿（66）＿功能。

```
<HUAWEI> system-view
[~HUAWEI] interface 10ge 1/0/1
[~HUAWEI-10GE1/0/1] loopback-detect enable
[*HUAWEI-10GE1/0/1] commit
```

（66）A．环路检测　　B．流量抑制　　C．报文检查　　D．端口镜像

试题（66）分析

本题考查环路检测命令。使用 loopback-detect enable 使能接口 Loopback Detection，可以及时发现设备下挂网络中的环路并能将接口关闭以减小环路对网络的影响。

参考答案

（66）A

试题（67）

某主机可以 ping 通本机地址，而无法 ping 通网关地址，网络配置如下图所示，造成该故障的原因可能是＿（67）＿。

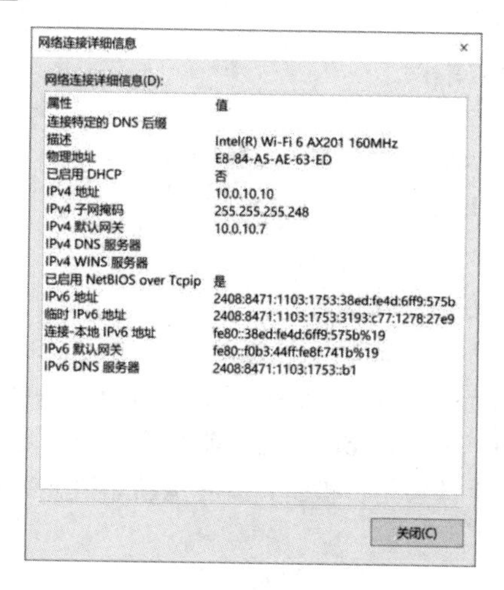

（67）A．该主机的地址是广播地址
　　B．默认网关地址不属于该主机所在的子网
　　C．该主机的地址是组播地址
　　D．默认网关地址是组播地址

试题（67）分析

本题考查网络故障排查方面的知识。

该主机 IPv4 网络配置可知，子网掩码为 29 位，则 10.0.10.10 地址所在的子网为 10.0.10.8~10.0.10.15，而该主机配置的网关地址为 10.0.10.7，不属于该主机所在的子网，故无法 ping 通网关。

参考答案

（67）B

试题（68）、（69）

某分公司财务 PC 通过专网与总部财务系统连接，拓扑如下图所示。某天，财务 PC 访问总部财务系统速度缓慢、时断时好，网络管理员在财务 PC 端 ping 总部财务系统，发现有网络丢包，在光电转换器 1 处 ping 总部财务系统网络丢包症状同上，在专网接入终端处 ping 总部财务系统，网络延时正常无丢包，光纤 1 两端测得光衰为-28dBm，光电转换器 1 和 2 指示灯绿色闪烁。初步判断该故障原因可能是__（68）__，可通过__（69）__措施较为合理。

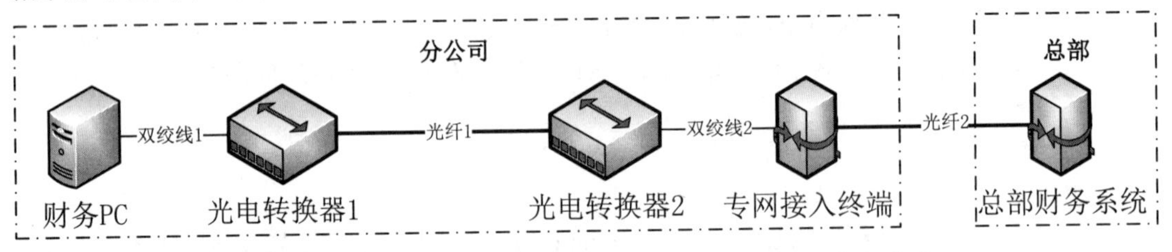

（68）A．财务 PC 终端网卡故障　　B．双绞线 1 链路故障
　　C．光纤 1 链路故障　　D．光电转换器 1、2 故障

（69）A．更换财务 PC 终端网卡
　　B．更换双绞线 1
　　C．检查光纤 1 链路，排除故障，降低光衰
　　D．更换光电转换器 1、2

试题（68）、（69）分析

本题考查网络故障排查方面的知识。

通过 ping 测试诊断，初步判断故障在财务 PC 至专网接入终端之间，通过光衰测试和观察光电转换器状态灯，可知光纤 1 链路故障，光纤传输时光衰应不超过-25dBm，否则会影响带宽和传输效率。本例中，光衰-28dBm 虽然能够传输光信号，但是不稳定，会出现网络丢包现象；此时应检查光纤 1 链路是否被折，或者重新熔接光纤接头和光纤盒，光衰过大一般都是光纤熔接处造成的。

参考答案

（68）C　（69）C

试题（70）

以下关于项目风险管理的说法中，不正确的是__（70）__。

（70）A．通过风险分析可以避免风险发生，保证项目总目标的顺利实现

B．通过风险分析可以增强项目成本管理的准确性和现实性

C．通过风险分析来识别、评估和评价需求变动，并计算其对盈亏的影响

D．风险管理就是在风险分析的基础上拟定出各种具体的风险应对措施

试题（70）分析

本题考查项目风险管理相关的知识。

项目风险是一种不确定的事件或条件，一旦发生，会对项目目标产生某种正面或负面的影响，造成一定后果。项目风险既包括对项目目标的威胁，也包括促进项目目标的机会。项目风险包括已知风险和未知风险，对于已知风险，可以制订应对措施和计划，但是未知风险只能根据以往经验采取应急处置，并且未知风险是无法管理的。通过风险识别和风险分析只能降低项目风险对项目目标的影响，而无法避免风险发生。故 A 说法不正确，应选 A。

参考答案

（70）A

试题（71）～（75）

Data security is the practice of protecting digital information from __（71）__ access, corruption, or theft throughout its entire lifecycle. It is a concept that encompasses every aspect of information security from the __（72）__ security of hardware and storage devices to administrative and access controls, as well as the logical security of software applications. It also includes organizational __（73）__ and procedures. Data security involves deploying tools and technologies that enhance the organization's visibility into where its critical data resides and how it is used. These tools and technologies should __（74）__ the growing challenges inherent in securing today's complex distributed, hybrid, and/or multicloud computing environments. Ideally, these tools should be able to apply protections like __（75）__, data masking, and redaction of sensitive files, and should automate reporting to streamline audits and adhering to regulatory requirements.

（71）A．unauthorized　B．authorized　C．normal　D．frequent

（72）A．logical　B．physical　C．network　D．information

（73）A．behaviors　B．cultures　C．policies　D．structures

（74）A．address　B．define　C．ignore　D．pose

（75）A．compression　B．encryption　C．decryption　D．translation

参考译文

数据安全是在整个生命周期中保护数字信息不受未经授权的访问、损坏或盗窃的实践。这一概念涵盖了信息安全的各个方面，从硬件和存储设备的物理安全到管理和访问控制，以及软件应用程序的逻辑安全。它还包括组织政策和程序。数据安全涉及部署工具和技术，这

些工具和技术增强了组织对关键数据驻留位置和使用方式的可见性。这些工具和技术应该能够解决当今复杂的分布式、混合和（或）多云计算环境的安全问题。理想情况下，这些工具应该能够应用加密、数据屏蔽和敏感文件修订等保护措施，并且应该自动化报告，以简化审计并遵守监管要求。

参考答案

（71）A （72）B （73）C （74）A （75）B

第14章　2021下半年网络规划设计师下午试题 | 分析与解答

试题一（共25分）

阅读以下说明，回答问题1至问题4，将解答填入答题纸对应的解答栏内。

【说明】

某园区组网图如图1-1所示。该网络中接入交换机利用QinQ技术实现二层隔离，根据不同位置用户信息打外层VLAN标记，可以有效避免广播风暴，实现用户到网关流量的统一管理。同时，在网络中部署集群交换机系统CSS及Eth-trunk，提高网络的可靠性。

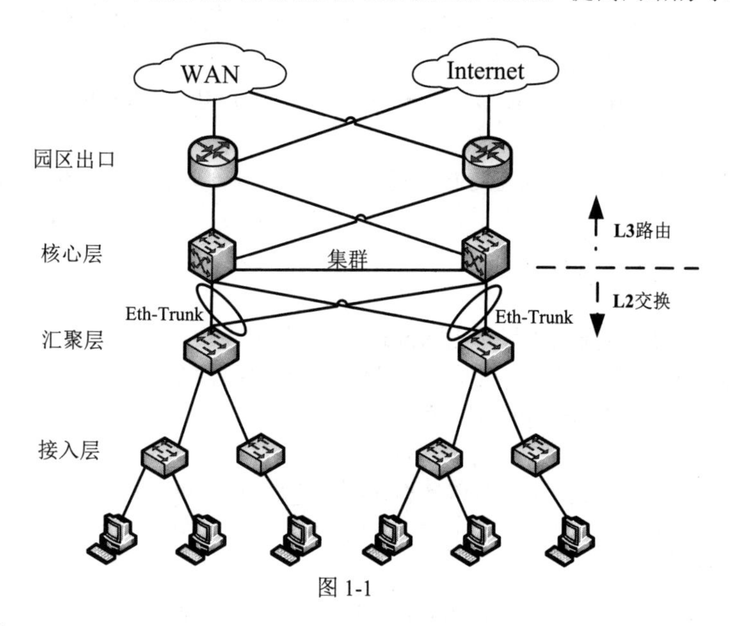

图1-1

【问题1】（8分）

请简要分析该网络接入层的组网特点（优点及缺点各回答2点）。

【问题2】（6分）

当该园区网用户接入点增加，用户覆盖范围扩大，同时要求提高网络可靠性时，某网络工程师拟采用环网接入+虚拟网关的组网方式。

（1）如何调整交换机的连接方式组建环网？

（2）在接入环网中如何避免出现网络广播风暴？

（3）简要回答如何设置虚拟网关。

【问题3】（6分）

该网络通过核心层进行认证计费，可采用的认证方式有哪些？

【问题 4】（5 分）

（1）该网络中，出口路由器的主要作用有哪些？

（2）应添加什么设备加强内外网络边界安全防范？放置在什么位置？

试题一分析

在园区网中，为了满足用户接入需求，交换机承担着用户接入、业务汇聚、最后送至出口路由器的任务。其中接入层、汇聚层、核心层都要充分考虑可靠性，防止出现端口、链路、单机级别故障。

在进行网络链路的可靠性设计时，通常采用多链路上行，包括 Trunk/LAG、双归上行等。Trunk 是一种捆绑技术，将多个物理接口捆绑成一个逻辑接口，也称为链路聚合组（LAG）或者 Trunk。例如本题中汇聚到核心层的链路组网采用的 Eth-Trunk；双归上行是指下级设备同时接入到两台不同的上级设备上，当其中一条链路发生故障时，另一条链路可以正常工作，保证上下级设备之间的链路不中断。

网络的可靠性设计还体现在多台设备的堆叠组网，包括 iStack/CSS，例如本题中核心层的集群（CSS）组网方式。

如果按照网络的可靠性从高向低将组网拓扑初步划分成接入层汇聚层双堆叠双归上行组网、接入层单机双归上行组网、接入层单机单上行组网等几种组网方案。本题网络拓扑是一个典型的接入层单机单上行组网拓扑。

【问题 1】

该网络用户的接入层采用星形组网方式，部署简单便捷，接入设备开局升级方便，可扩展性强等优点。但这种组网方式在便捷的同时也带来可靠性差、大规模部署及扩展管理的难度加大，误操作导致网络环路的风险等问题。

【问题 2】

本题是针对接入层单机单上行网络存在的问题提出的一种升级解决方案，该方案称为接入层汇聚层环网+VRRP 网关备份双归上行组网方案。

该方案的特点是：

（1）接入层采用单机，满足用户的接入需求，接入层交换机双上行接入汇聚层设备。汇聚层和接入层之间通过 MSTP 避免网络形成环路。

（2）汇聚层部署 VRRP 进行网关备份。核心不启用生成树协议、汇聚交换机通过 OSPF 与静态路由建立上下行路由。

【问题 3】

通常采用高性能的网络核心层设备，有线用户可选择 PPPoE/Portal/802.1x 认证，无线用户采用 Portal/802.1x 认证。

【问题 4】

本问题考查园区网网络边界设备的作用与配置。网络边界设备是路由器时，起到的作用通常是路由转发和 NAT 部署，其中 NAT 部署的目的是隐藏内部网络结构。

网络边界进行网络安全防护的设备通常使用防火墙，防火墙与网络边界设备路由器协同工作，具体放置位置可以在路由器之前或者之后。

试题一参考答案

【问题 1】

优点：

（1）星形组网，设备独立工作，部署简单。

（2）设备开局、升级、故障替换简单。

（3）可扩展性强，增加节点容易。

缺点：

（1）可靠性差，单机故障无备用路径。

（2）管理复杂度随设备数量的增加而增加，不适用于大规模部署，会占用过多汇聚层接口。

（3）有误连线成环的风险。

【问题 2】

（1）接入层与汇聚层构成二层环网。

（2）使用 MSTP 协议避免网络广播风暴，同时提高链路的冗余性。

（3）在两台汇聚设备之间部署 VRRP 业务，设备链路正常的情况下 VRRP 主设备作为网关，在出现故障后，备用设备可切换为主设备，提高网络的可靠性。

【问题 3】

可以采用 PPPoE、Portal、802.1x 等认证方式。

【问题 4】

（1）NAT 部署、路由转发。

（2）需要配置防火墙。

放置在出口路由器与核心层设备之间；或者出口路由器之前。

试题二（共 25 分）

阅读以下说明，回答问题 1 至问题 3，将解答填入答题纸对应的解答栏内。

【说明】

图 2-1 为某数据中心分布式存储系统网络架构拓扑图，每个分布式节点均配置 1 块双端口 10GE 光口网卡和 1 块 1GE 电口网卡，SW3 为存储系统管理网络接入交换机，交换机 SW1 和 SW2 连接各分布式节点和 SW3 交换机，用户通过交换机 SW4 接入访问分布式存储系统。

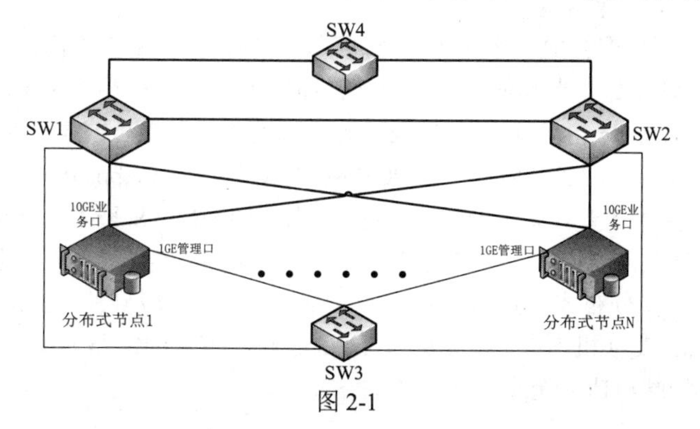

图 2-1

【问题 1】（10 分）

图 2-1 中，通过__(1)__技术将交换机 SW1 和 SW2 连接起来，从逻辑上组合成一台交换机，提高网络稳定性和交换机背板带宽；分布式节点上的 2 个 10GE 口采用__(2)__技术，可以实行存储节点和交换机之间的链路冗余和流量负载；交换机 SW1 与分布式节点连接介质应采用__(3)__，SW3 应选用端口速率至少为__(4)__bps 的交换机，SW4 应选用端口速率至少为__(5)__bps 的交换机。

【问题 2】（9 分）

1. 分布式存储系统采用什么技术实现数据冗余？

2. 分布式系统既要性能高，又要在考虑成本的情况下采用了廉价大容量磁盘，请说明如何配置磁盘较为合理？并说明配置的每种类型磁盘的用途。

3. 常见的分布式存储架构有无中心节点架构和有中心节点架构，HDFS（Hadoop Distribution File System）分布式文件系统属于__(6)__架构，该文件系统由一个__(7)__节点和若干个 DataNode 组成。

【问题 3】（6 分）

随着数据中心规模的不断扩大和能耗不断提升，建设绿色数据中心是构建新一代信息基础设施的重要任务，请简要说明在数据中心设计时可以采取哪些措施可以降低数据中心用电能耗？（至少回答 3 点措施）

试题二分析

本题考查数据中心规划、数据存储的相关知识及应用。

此类题目要求考生掌握数据中心规划、关键业务冗余、数据安全、分布式存储系统等知识，熟悉分布式存储系统的技术特点、性能特点等知识，根据业务需求，合理规划存储系统，要求考生具有数据存储管理、数据中心规划设计的实际经验。

【问题 1】

1. 交换机堆叠

将多台交换机通过堆叠模块和专用线缆连接起来，逻辑上组合成一台交换机，可以共享背板带宽，故可以有效提高交换机的背板带宽，因此，空（1）处应填写“堆叠”。

2. 链路聚合或端口聚合

将多条链路或端口聚合成一个逻辑链路通道，流量根据策略由不同的链路分担，组内的各端口或链路都正常工作，当其他一个端口或链路故障后，业务不会中断，从而实行交换机之间的链路冗余和流量分担。因此，空（2）处应填写“链路聚合或端口聚合”。

依据 IEEE8.2.3 标准，10GBase-T 和 10GBase-S 均可支持 10Gbps 的传输速率，10GBase-T 采用双绞线传输，传输距离较短，一般不超过 30 米；10GBase-S 采用光纤传输，传输距离可达 300 米。因此，在实际应用中，万兆网络多采用光纤介质传输。故空（3）处应填写“光纤”。

交换机 SW3 连接分布式节点的千兆网卡，传输速度至少应到的 1Gbps，故 SW3 的端口速率至少为 1Gbps；交换机 SW1 和 SW2 连接到分布式节点的链路速率为 10Gbps，所以其上联交换机 SW4 的端口速率至少应达到 10Gbps。

【问题 2】

1. 分布式存储系统一般采用多副本技术实现数据冗余，即将一份数据在不同的数据节点上进行存储，当某个数据节点故障时，可以直接使用其他数据节点存储的数据，不会造成数据丢失。

2. 分布式存储系统一般采用 SSD 固态磁盘+SATA（或 NL-SAS）大容量磁盘，其中，SATA（或 NL-SAS）大容量磁盘作为数据盘，提供大容量的存储空间；SSD 作为系统盘和高速缓存使用，提高存储系统性能。

3. HDFS 分布式存储系统是有中心节点架构，由一个 NameNode（元数据节点）和若干个 DataNode（数据存储节点）组成，NameNode 负责管理元数据和处理客户端的请求，是整个系统的核心组件；DataNode 负责存放文件数据，保证数据的可用性和完整性。

【问题 3】

随着数据中心规模地不断扩大，其能耗也随之升高，数据中心的用电能耗主要是服务器设备和空调制冷，在数据中心规划设计时，可以采用以下措施降低用电能耗：

（1）合理选取数据中心地理位置，充分利用水冷或液冷等自然冷源为数据中心降温，减少空调的用电能耗。

（2）采用模块化机房设计，机柜、空调、服务器、网络设备等组成一个封闭的空间，与外界相对隔离，空调制冷空间也变小，可以起到绿色节能的效果。

（3）采用分布式供电，将数据中心中低频电路和高频电路、小电流负载和大负载供电线路完全分离，降低线路损耗，提高用电效率，达到绿色节能效果。

（4）采用服务器虚拟化，可以减少服务器的数量，降低服务器用电消耗，同时服务器少也会减少发热源，制冷系统的能耗也随之降低。

（5）对数据中心的各类 IT 资源进行云化，提高设备利用率，实行弹性计算和按需分配资源，可以降低设备数量和设备能耗。

试题二参考答案

【问题 1】

（1）堆叠　（2）端口聚合或者链路聚合或者 bond

（3）光纤　（4）1G

（5）10G

【问题 2】

1. 多副本

2. 分布式系统一般采用 SSD 固态磁盘+SATA（或 NL-SAS）大容量磁盘，SSD 做为系统盘和高速缓存使用，SATA（或 NL-SAS）做数据盘使用。

3. （6）有中心节点（7）NameNode 或者元数据

【问题 3】

（1）水冷、液冷或自然冷源

（2）模块化机房

（3）分布式供电

（4）虚拟化

（5）云化IT资源

试题三（25分）

阅读以下说明，回答问题1至问题4，将解答填入答题纸对应的解答栏内。

【说明】

案例一

安全测评工程师小张对某单位的信息系统进行安全渗透测试时，首先获取A系统部署的WebServer版本信息，然后利用A系统的软件中间件漏洞，发现可以远程在A系统服务器上执行命令。小张控制A服务器后，尝试并成功修改网页。通过向服务器区域横向扫描，发现B和C服务器的root密码均为123456，利用该密码成功登录到服务器并获取root权限。

案例二

网络管理员小王在巡查时，发现网站访问日志中有多条非正常记录。

其中，日志1访问记录为：

```
www.xx.com/param=1' and updatexml(1,concat(0x7e,(SELECT MD5(1234)),0x7e),1)
```

日志2访问记录为：

```
www.xx.com/js/url.substring(0,indexN2)}/alert(url);url+=
```

小王立即采取措施，加强Web安全防范。

案例三

某信息系统在2018年上线时，在公安机关备案为等级保护第三级，单位主管认为系统已经定级，此后无须再做等保安全评测。

【问题1】（6分）

信息安全管理机构是行使单位信息安全管理职能的重要机构，各个单位应设立__(1)__领导小组，作为本单位信息安全工作的最高领导决策机构。设立信息安全管理岗位并明确职责，至少应包含安全主管和“三员”岗位，其中“三员”岗位中：__(2)__岗位职责包括信息系统安全监督和网络安全管理，沟通、协调和组织处理信息安全事件等；系统管理员岗位职责包括网络安全设备和服务器的配置、部署、运行维护和日常管理等工作；__(3)__岗位职责包括对安全、网络、系统、应用、数据库等管理人员的操作行为进行审计，监督信息安全制度执行情况。

【问题2】（9分）

1. 请分析案例一信息系统存在的安全隐患和问题（至少回答5点）；
2. 针对案例一存在的安全隐患和问题，提出相应的整改措施（至少回答4点）。

【问题3】（6分）

1. 案例二中，日志1所示访问记录是__(4)__攻击，日志2所示访问记录是__(5)__攻击。
2. 案例二中，小王应采取哪些措施加强Web安全防范？

【问题4】（4分）

案例三中，单位主管的做法明显不符合网络安全等级保护制度要求，请问，该信息系统应该至少__(6)__年进行一次等保安全评测，该信息系统的网络日志至少应保存__(7)__个月。

试题三分析

本题考查信息安全管理、信息系统风险分析和安全防护的相关知识。

此类题目要求考生具备常见网络攻击、网络系统安全隐患的识别和防范能力，熟悉常见网络攻击的特点和步骤，掌握信息安全管理的相关内容，要求考生具有信息系统安全规划、安全运维、网络攻击防范等方面的实际经验。

【问题 1】

依据网络安全相关法律法规要求，网络系统运营者应成立指导和管理网络安全工作的委员会或领导小组，其最高领导由单位主管领导担任或授权。各运营者通常将该机构命名为信息安全/网络与信息安全/网络安全领导小组，同时应成立网络安全管理职能部门，并设立安全主管、系统管理员、审计管理员和安全管理员等专职岗位，应明确其岗位职责。

【问题 2】

案例一中信息系统存在的安全隐患和问题如下：

安全隐患和问题 1：安全测评工程师小张可以获取到 A 系统部署的 WebServer 版本信息，说明存在 WebServer 版本信息泄露隐患，入侵者可以利用收集到的系统信息，进行针对性的非法入侵。**整改措施**：隐藏 WebServer 版本等系统关键信息，也可以修改为其他无关信息诱导入侵者，使其采取不正确的入侵方法。

安全隐患和问题 2：安全测评工程师小张根据 WebServer 版本找到该中间件的可利用漏洞，并成功入侵，说明存在远程命令执行漏洞，且未能及时修复。**整改措施**：应及时或定期修改相关软件漏洞。

安全隐患和问题 3：安全测评工程师小张可以成功修改网页，说明该信息系统未采取网页防篡改措施，存在重大安全隐患。**整改措施**：部署网页防篡改系统，将重要目录和文件锁定，可以防止被非法篡改。

安全隐患和问题 4：安全测评工程师小张可以在服务器区域横向扫描并登录其他服务器，说明在服务器区域或内部网络未做横向隔离。**整改措施**：在服务器区域的每台服务器上，根据业务需要配置服务器防火墙策略，禁止非业务需要的服务器区域横向相互访问，可以防止一旦某台主机被攻陷，整个服务器区域全部被攻陷，造成重大损失。

安全隐患和问题 5：安全测评工程师小张扫描到 123456 这样的弱口令而成功登录其他服务器，说明部分服务器主机存在弱口令问题。**整改措施**：应修改密码，设置复杂度高的密码，同时设置密码登录错误次数，超过次数后锁定账户，可以防止利用密码字典进行暴力破解，有条件的情况下，可以采用双因子认证。

安全隐患和问题 6：安全测评工程师小张可以利用漏洞成功渗透到内部网络，并修改网页，说明该信息系统和数据中心未有效的安装和部署安全防护系统。**整改措施**：部署安全防护系统并配置合理的安全防护策略。

【问题 3】

日志 1 所示访问记录中攻击者在正常访问的 URL 地址中拼凑非法的 SQL 查询语句，企图欺骗数据库服务器执行非授权的查询，从而窃取相应的数据信息，该访问为典型的 SQL 注入攻击；日志 2 所示访问记录中攻击者在正常访问的 URL 地址中拼凑非法 JS 脚本，企图利用网站漏洞，使得该脚本得以执行，从而非法获取数据或者达到非法目的，该访问为典型的跨站脚本攻击（XSS）。

针对上述非法 WEB 访问，应采取如下措施加强防范：

（1）对用户访问的 URL 地址，应过滤掉 SQL 注入和 XSS 攻击的关键字，使其非法访问无效。

（2）部署 Web 防火墙（WAF）等针对 WEB 安全防护的安全防护系统，阻止 SQL 注入和 XSS 等非法访问。

（3）在采取相关安全防范措施后，也应及时修复系统漏洞。

【问题 4】

《网络安全等级保护条例》第二十三条规定“第三级以上网络的运营者应当每年开展一次网络安全等级测评，发现并整改安全隐患，并每年将开展网络安全等级测评的工作情况及测评结果向备案的公安机关报告。”;《中华人民共和国网络安全法》第 21 条规定 “ 国家实行网络安全等级保护制度，网络运营者应当按照网络安全等级保护制度的要求，履行下列安全保护义务，保障网络免受干扰、破坏或者未经授权的访问，防止网络数据泄露或者被窃取、篡改。采取监测、记录网络运行状态、网络安全事件的技术措施，并按照规定留存相关的网络日志不少于六个月。”

试题三参考答案

【问题 1】

（1）信息安全或网络与信息安全或网络安全

（2）安全管理员

（3）审计管理员

【问题 2】

1.

（1）WebServer 版本信息未隐藏或泄露

（2）未及时修复软件漏洞

（3）存在远程命令执行漏洞

（4）未采取网页防篡改措施

（5）服务器区域/内部网络未做横向隔离

（6）部分服务器存在弱口令

（7）未有效的安装和部署安全防护系统

2.

（1）隐藏 WebServer 版本信息

（2）定期/及时修复软件漏洞

（3）部署网页防篡改系统

（4）根据业务需要配置服务器防火墙策略，禁止非业务需要的服务器区域横向访问

（5）设置密码复杂度

（6）设置密码登录错误次数，超过次数锁定账户

（7）服务器身份认证采用双因子认证

（8）部署安全防护系统并配置合理的安全防护策略

【问题 3】

1.（4）SQL 注入

（5）跨站脚本或 XSS

2.（1）URL 中过滤 SQL 注入和 XSS 攻击关键字

（2）部署 Web 防火墙/WAF/Web 安全防护系统

【问题 4】

（6）1　（7）6

第15章　2021下半年网络规划设计师下午试卷II写作要点

从下列的2道试题（试题一至试题二）中任选1道解答。请在答题纸上的指定位置处将所选择试题的题号框涂黑。若多涂或者未涂题号框，则对题号最小的一道试题进行评分。

试题一　论SD-WAN技术在企业与多分支机构广域网互连中的应用

企业与多分支机构的广域网互联，通常采用MPLS（多协议标签交换）技术，网络层的数据包可以基于多种物理媒介进行传送，如ATM、帧中继、租赁专线/PPP等。随着5G、AI、物联网等新兴技术与企业云的广泛应用，一种新的网络技术SD-WAN（软件定义广域网络）将企业的分支、总部和企业云互联起来，在不同混合链路（MPLS、Internet、5G、LTE等）之间选择最优的链路进行传输，提供优质的网络体验。通过部署SD-WAN提高了企业分支网络的可靠性、灵活性和运维效率，确保分支网络一直在线，保证业务的连续和稳定。

请围绕“论SD-WAN技术在企业与多分支机构广域网互连中的应用”论题，依次对以下四个方面进行论述。

1. 简要论述基于传统WAN之上的SD-WAN技术解决了传统广域互联网络中出现的哪些问题或者痛点。
2. 详细叙述你参与设计和实施的网络规划与设计项目中采用的SD-WAN技术方案，包括但不限于网络的部署与配置、运维管理、网络建设成本以及网络传输等方面展开论述。
3. 面对市场上众多的SD-WAN厂商，分析和评估你所实施的网络项目中采用的关键设备及指标参数如何满足网络规划与设计的需求。
4. 总结你在实施项目过程中遇到的问题以及相应的解决方案。

试题一写作要点

1. 简要叙述参与设计和实施的采用SD-WAN技术实现企业与多分支广域互联的项目。
2. 采用SD-WAN技术实现企业与多分支机构广域互联项目，包括：
   - 项目实施环境及达到的目标；
   - 网络拓扑、采用的软硬件设备、成本及工期；
   - 软件定义广域网络；
   - 实施中的问题及解决方案。
3. 采用SD-WAN技术实现企业与多分支机构广域互联项目的部署与分析，包括：
   - SD-WAN技术产品选型；
   - 管理的方式及便捷性；
   - 灵活部署；

- 项目效益分析。

4. 总结你在实施项目过程中遇到的问题以及相应的解决方案。

试题二　论数据中心信息网络系统安全风险评测和防范技术

随着互联网应用规模的不断扩大和网络技术的纵深发展，人类社会的各种活动和信息系统关系更加紧密。与此同时，信息安全问题也日益突出，层出不穷的网络安全攻击手段和各类 0day 漏洞，给数据中心的信息系统和数据安全带来了极大的威胁。为此，国家出台《中华人民共和国网络安全法》《信息安全等级保护管理办法》等法律法规，强化网络安全顶层设计和管理要求。

请围绕“论数据中心信息网络系统安全风险评测和防范技术”论题，依次对以下三个方面进行论述。

1. 简要论述当前常见的网络安全攻击手段、风险评测方法和标准。
2. 详细叙述你参与的数据中心信息网络安全评测方案，包括网络风险分析、安全防护系统部署情况、安全风险测评内容、问题整改等内容。
3. 总结分析你所参与项目的实施效果、存在问题及相关改进措施。

试题二写作要点

1. 简要论述当前常见的网络安全攻击类型、风险评测方法和标准。

- 网络安全攻击类型包括：DDoS 攻击、APT 攻击、SQL 注入、跨站脚本攻击、ARP 攻击以及利用信息系统漏洞进行的各种攻击。
- 风险评测应依据《中华人民共和国网络安全法》和《计算机等级保护管理办法》等国家法律法规和相关标准，从物理安全环境、网络安全通信、安全计算环境、安全管理制度、安全管理机构、安全运维等十个方面进行安全风险评测。

2. 详细叙述你参与的数据中心信息网络安全评测方案，包括：

- 项目背景情况；
- 安全风险测评内容：测评依据和测评内容等；
- 安全防范措施：安全设备类型、功能、部署位置、其他防范措施；
- 问题整改：整改建议和措施、整改后效果。

3. 总结分析你所参与项目的实施效果、存在问题及相关改进措施。